Nongjixiuligong

职业技能培训鉴定教材

农机修理工

（初级）

主　编　成　斌　李成松

副主编　李景彬　丛锦玲

编　者　温宝琴　王丽红　蒙贺伟　付　威

　　　　赵永满

主　审　张立新

中国劳动社会保障出版社

图书在版编目（CIP）数据

农机修理工：初级/人力资源和社会保障部教材办公室组织编写. —北京：中国劳动社会保障出版社，2016
职业技能培训鉴定教材
ISBN 978 - 7 - 5167 - 2285 - 5

Ⅰ.①农…　Ⅱ.①人…　Ⅲ.①农业机械-机械维修-职业技能-鉴定-教材
Ⅳ.①S220.7

中国版本图书馆 CIP 数据核字（2016）第 016761 号

中国劳动社会保障出版社出版发行

（北京市惠新东街 1 号　邮政编码：100029）

*

三河市华骏印务包装有限公司印刷装订　　新华书店经销

787 毫米×1092 毫米　16 开本　13.75 印张　308 千字
2016 年 2 月第 1 版　　2021 年 12 月第 6 次印刷
定价：35.00 元

读者服务部电话：(010)64929211/84209101/64921644
营销中心电话：(010)64962347
出版社网址：http://www.class.com.cn

内 容 简 介

　　本教材以《国家职业标准·农机修理工》为依据，结合新疆生产建设兵团农机修理技术进行编写。教材在编写过程中紧紧围绕"以企业需求为导向，以职业能力为核心"的编写理念，力求突出职业技能培训特色，满足职业技能培训与鉴定考核的需要。

　　本教材详细介绍了初级农机修理工要求掌握的最新实用知识和技术。全书主要内容包括：机械制图、钳工、焊接等基础知识，农业机械的一般构造、技术状态诊断与故障分析，拖拉机、农用汽车的一般构造和工作原理，金属清洗剂和胶黏剂的使用，拖拉机及农用车的修理、保养及故障排除，拖拉机的拆装，拖拉机、农用汽车简单零件的一般性修理，农机具的拆装，简单维修设备的使用与维护等。

　　本教材是初级农机修理工职业技能培训与鉴定考核用书，也可供相关人员参加在职培训、岗位培训使用。

前　言

为满足各级培训、鉴定部门和广大劳动者的需要，人力资源和社会保障部教材办公室、中国劳动社会保障出版社在总结以往教材编写经验的基础上，联合新疆生产建设兵团人力资源和社会保障局、兵团农业局和兵团职业技能鉴定中心，依据国家职业标准和企业对各类技能人才的需求，研发了农业类系列职业技能培训鉴定教材，涉及农艺工、果树工、蔬菜工、牧草工、农作物植保员、家畜饲养工、家禽饲养工、农机修理工、拖拉机驾驶员、联合收割机驾驶员、白酒酿造工、乳品检验员、沼气生产工、制油工、制粉工等职业和工种。新教材除了满足地方、行业、产业需求外，也具有全国通用性。这套教材力求体现以下主要特点：

在编写原则上，突出以职业能力为核心。教材编写贯穿"以职业标准为依据，以企业需求为导向，以职业能力为核心"的理念，依据国家职业标准，结合企业实际，反映岗位需求，突出新知识、新技术、新工艺、新方法，注重职业能力培养。凡是职业岗位工作中要求掌握的知识和技能，均作详细介绍。

在使用功能上，注重服务于培训和鉴定。根据职业发展的实际情况和培训需求，教材力求体现职业培训的规律，反映职业技能鉴定考核的基本要求，满足培训对象参加各级各类鉴定考试的需要。

在编写模式上，采用分级模块化编写。纵向上，教材按照国家职业资格等级编写，各等级合理衔接、步步提升，为技能人才培养搭建科学的阶梯型培训架构。横向上，教材按照职业功能分模块展开，安排足量、适用的内容，贴近生产实际，贴近培训对象需要，贴近市场需求。

本系列教材在编写过程中得到新疆生产建设兵团人力资源和社会保障局、兵团农业局和兵团职业技能鉴定中心的大力支持和热情帮助，在此一并致以诚挚的谢意。

编写教材有相当的难度，是一项探索性工作。由于时间仓促，不足之处在所难免，恳切希望各使用单位和个人对教材提出宝贵意见，以便修订时加以完善。

人力资源和社会保障部教材办公室

目 录

**第 9 单元 简单维修设备的使用与
维护/207—210**

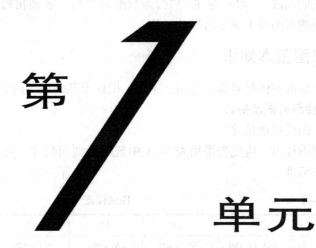

第1单元

基础知识

第一节 机械制图基本知识

工程图样是现代工业生产中必不可少的技术资料，具有严格的规范性。本节将着重介绍国家标准《技术制图》和《机械制图》中关于"三视图及其投影规律""剖视图和剖面图的画法""尺寸标注""公差与配合"与"表面粗糙度"等有关规定，并简略介绍平面图形的基本画法与尺寸标注。

一、识图基本知识

国家标准对图纸幅面、比例、字体、图线及其画法等内容作了规定。

1. 图纸幅面及格式

（1）图纸幅面尺寸

绘制图样时，应优先采用表 1—1 中规定的幅面尺寸，必要时可加长，其加长量可查阅国家标准。

表 1—1 图纸幅面

幅面代号	A0	A1	A2	A3	A4	A5
$B \times L$	841×1 189	594×841	420×594	297×420	210×297	148×210
a	25					
c	10			5		
e	20			10		

（2）图框格式

无论图样是否装订，均应在图幅内画出图框，图框线用粗实线绘制。需要装订的图样和不需要装订的图样的图框线见表 1—2，其周边尺寸见表 1—1。

表 1—2 图样格式及边框画法

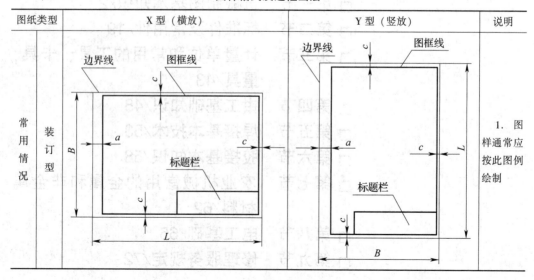

图纸类型		X 型（横放）	Y 型（竖放）	说明
常用情况	装订型			1. 图样通常应按此图例绘制

图纸类型		X型（横放）	Y型（竖放）	说明
常用情况	非装订型	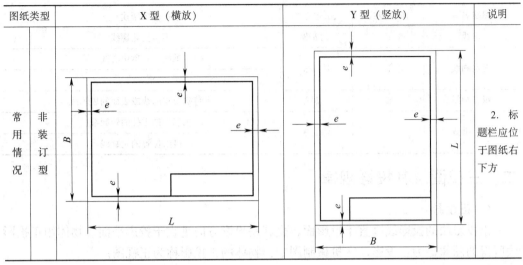		2. 标题栏应位于图纸右下方

2. 比例

图样中机件要素的线性尺寸与实际机件相应要素的线性尺寸之比，称为比例。绘制图样时，尽量采用1:1的比例，或按表1—3中的规定选用。

表1—3 　　　　　　　　　　　　绘制图样比例

与实物相同	1:1
缩小的比例	1:1.5、1:2、1:2.5、1:3、1:4、1:5、$1:10^n$
	$1:1.5 \times 10^n$、$1:2 \times 10^n$、$1:2.5 \times 10^n$、$1:5 \times 10^n$
放大的比例	2:1、2.5:1、4:1、5:1　　$(10 \times n):1$

注：n为正整数。

3. 字体

国家标准对图样中的汉字、字母和数字的字体和号数作了规定。图样中的字体书写时必须做到：字体端正、笔画清楚，排列整齐、间隔均匀。汉字应写成长仿宋体，并应采用国家正式公布推行的简化字。字体的号数，即字体的高度（单位：mm）分为20、14、10、7、5、3.5、2.5七种，字体宽度约为2/3字高。

4. 图线的画法及其应用

各种图线的名称、型式、宽度和主要用途见表1—4。

表1—4 　　　　　　　　　　图线的型式、宽度和主要用途

图线名称	图线型式	图线宽度	主要用途
粗实线	A	b	可见轮廓线
细实线	B	约$b/3$	尺寸线、尺寸界线、剖面线
			重合剖面的轮廓线
波浪线	C	约$b/3$	断裂处的边界线、视图和剖视图的分界线
双折线	D	约$b/3$	断裂处的边界线

续表

图线名称	图线型式	图线宽度	主要用途
虚线	E	约 $b/3$	不可见轮廓线
细点画线	F	约 $b/3$	轴线、对称中心线
			轨迹线
粗点画线	G	b	有特殊要求的线或表面的表示线
双点画线	H	约 $b/3$	相邻辅助零件的轮廓线
			极限位置的轮廓线

二、三视图及其投影规律

1. 正投影

正投影法的投影线垂直于投影面，也就是投影方向垂直于投影平面。物体用正投影法所得的图像称为正投影。在机械制图中，物体的正投影称为正视图。

2. 三视图的形成

如图 1—1 所示，设立三个互相垂直的投影面——正立投影面 V（简称正面），水平投影面 H（简称水平面）、侧立投影 W（简称侧面）。这三个投影面的交线 OX、OY、OZ 也互相垂直，分别代表长、宽、高三个方向，称为投影轴。把物体放在观察者和投影面之间，用正投影法，分别由前向后、由上向下、由左向右向正面 V、水平面 H、侧面 W 进行投影，就可分别在三个投影面上得到物体的三个视图。在正面（V）上得到的视图叫主视图，在水平面（H）上得到的视图叫俯视图，在侧面（W）上得到的视图叫左视图。

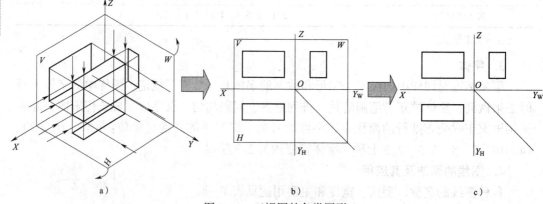

图 1—1　三视图的各类图形

a）三投影面体系轴测图　b）三投影面体系展开图　c）三面投影图

3. 三视图的投影规律

如图 1—2 所示，物体从三个不同方向向三个投影面投影可得到三视图，这三个视图不是孤立的，它们有着内在的联系。主视图和俯视图反映了物体的同一长度，并对正；主视图和左视图反映了物体的同一高度，且平齐；俯视图和左视图反映了物体的同一宽度，要相等。以上所述三视图之间的关系简称为"长对正，高平齐，宽相等"，这就是三视图间的投影规律。

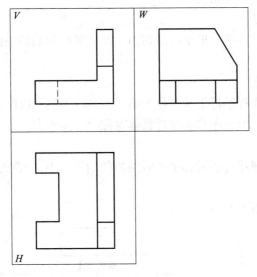

图1—2 三视图的投影

三、剖视图和剖面图的画法

1. 剖视图

假想用剖切面剖开机件，将处在观察者和剖切面之间的部分移去，而将其余部分向投影面投影所得的图形称为剖视图，如图1—3所示。

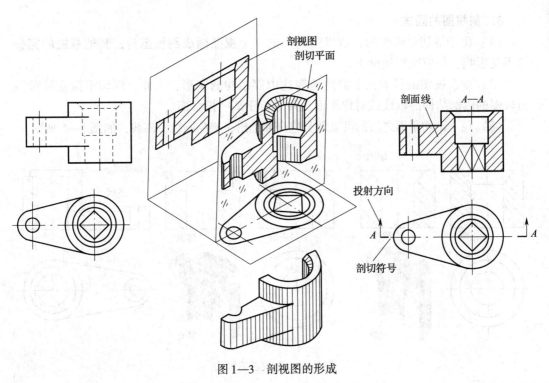

图1—3 剖视图的形成

影响剖视图绘制的三要素：

（1）剖切面的种类

剖切面的种类共有三类，即单一剖切面、几个平行的剖切平面、几个相交的剖切面（交线垂直于某一投影面）。

（2）剖切面的位置

剖切面的位置主要有平行于基本投影面、不平行于基本投影面两类。相对于物体自身，包括经过物体对称中心面和不经过物体对称中心面两类。

（3）剖切范围

完全剖开、部分剖开（以对称中心线为界的剖开一半）、剖开局部（非一半）。

2. 剖面符号

常用的剖面符号如图1—4所示。

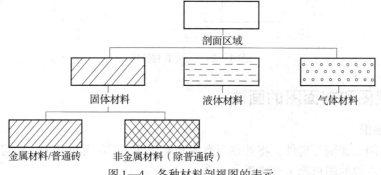

图1—4　各种材料剖视图的表示

3. 剖视图的画法

（1）由于剖切是假想的，所以当物体的一个视图画成剖视图后，其他视图的完整性不受影响，仍应完整地画出。

（2）画剖视图的目的在于清楚地表达内部结构的实形，因此，剖切平面应尽量通过较多的内部结构的轴线或对称平面，并平行于某一投影面。

（3）位于剖切平面之后的可见部分应全部画出，避免漏线、多线，如图1—5所示。

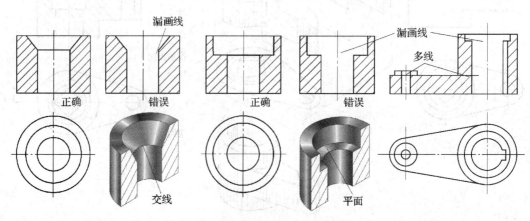

图1—5　剖视图的画法

（4）对于剖切平面后的不可见部分，若在其他视图上已表达清楚，则虚线可省略，即一般情况下剖视图中不画虚线。当省略虚线后，物体不能定形或画出少量虚线能节省一个视图时，则应画出需要的虚线。

四、尺寸的标注

1. 工程形体的真实大小应以图样上所注的尺寸数值为依据，与图形的大小及绘图的准确度无关。

2. 图样中的尺寸，以 mm 为单位时，不需标注计量单位的代号或名称；如采用其他单位，则必须注明相应的计量单位的代号或名称。

3. 图样中所标注的尺寸，为该图样所示工程形体的最后完工尺寸，否则应另加说明。

4. 工程形体的每一尺寸，一般只标注一次，并应标注在反映该结构最清晰的图形上，如图1—6所示。

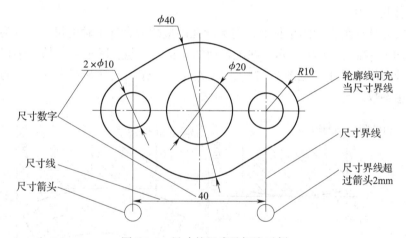

图1—6 尺寸的组成及标注示例

尺寸标注常用符号及缩写词见表1—5。

表1—5 尺寸标注常用符号及缩写词

名词	直径	半径	球直径	球半径	厚度	正方形	45°倒角	深度	沉孔或锪平	埋头孔	均布
符号或缩写词	ϕ	R	$S\phi$	SR	t	□	C	⊤	⊔	∨	EQS

五、公差与配合

孔与轴的结合是机器中应用最广的基本结合形式。为了满足互换性的要求，必须制定出孔、轴的尺寸公差及配合松紧程度的配合标准。下面介绍尺寸公差与配合的基本概念，孔、轴公差带的大小和位置，公差与配合的应用。

单元
1

1. 尺寸

（1）基本尺寸

基本尺寸是设计给定的尺寸。孔的基本尺寸以 D 表示，轴的基本尺寸以 d 表示。基本尺寸是在设计中，根据强度、刚度、结构、工艺等多种因素确定的，然后再标准化。

基本尺寸是计算偏差、极限尺寸的起始尺寸。它只表示尺寸的基本大小，并不是在实际加工中要求得到的尺寸。

（2）实际尺寸

实际尺寸是通过测量得到的尺寸。孔的实际尺寸以 D_a 表示，轴的实际尺寸以 d_a 表示。

实际尺寸不是孔或轴的真实尺寸，这是因为在测量时存在测量仪器本身的误差、测量方法产生的误差与温差产生的误差等。同时由于形状误差的影响，零件同一表面各个部位的实际尺寸也是不完全相同的，可通过多处测量确定实际尺寸。

（3）作用尺寸

作用尺寸是在配合面的全长上，与实际孔内接的最大理想轴的尺寸，称为孔的作用尺寸（见图1—7a），以 D_m 表示。在配合面的全长上，与实际轴外接的最小理想孔的尺寸，称为轴的作用尺寸（见图1—7b），以 d_m 表示。作用尺寸是根据孔、轴的实际形状定义的理想参数。

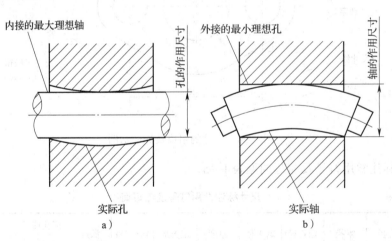

图1—7　孔轴配合尺寸

同一批各个零件的孔、轴的作用尺寸是不同的，因为各个孔、轴的实际形状是不同的；但某一个实际孔、轴的实际形状是确定的，作用尺寸是唯一的。由图1—7可知，当被测孔、轴存在形状误差时，孔的作用尺寸总是小于实际尺寸（$D_m < D_a$），轴的作用尺寸总是大于实际尺寸（$d_m > d_a$）。只有在孔的作用尺寸大于轴的作用尺寸（$D_m > d_m$）时，两者才能自由装配。

（4）极限尺寸

极限尺寸是允许尺寸变化的界限值。一般规定两个界限值，其中较大的称为最大极限尺寸，较小的称为最小极限尺寸。极限尺寸是根据零件的使用要求确定的，它可能大于、等于或小于基本尺寸。

孔的最大极限尺寸以 D_{max} 表示，最小极限尺寸 D_{min} 表示；轴的最大极限尺寸以 d_{max} 表示，最小极限尺寸以 d_{min} 表示。

对于孔，其作用尺寸应不小于最小极限尺寸，其实际尺寸应不大于最大极限尺寸，即 $D_m \geq D_{min}$，$D_a \leq D_{max}$。

对于轴，其作用尺寸应不大于最大极限尺寸，其实际尺寸应不小于最小极限尺寸，即 $d_m \leq d_{max}$，$d_a \geq d_{min}$。

（5）最小实体状态和最小实体尺寸

最小实体状态是指孔或轴在尺寸公差范围内，具有材料量最少时的状态，在此状态下的尺寸，称为最小实体尺寸，它是孔的最大极限尺寸和轴的最小极限尺寸的统称。

（6）最大实体状态和最大实体尺寸

最大实体状态是指孔或轴在尺寸公差范围内，具有材料量最多时的状态，在此状态下的尺寸，称为最大实体尺寸，它是孔的最小极限尺寸和轴的最大极限尺寸的统称。

由此可知，只有作用尺寸和实际尺寸都在极限尺寸范围之内，零件才是合格的，才能保证互换性要求。

2. 偏差

偏差是指某一尺寸减其基本尺寸所得的代数差。偏差为代数差，可以为正值、负值或零，在进行计算时，必须带有正、负号，如图1—8所示。

（1）实际偏差

实际偏差是实际尺寸减其基本尺寸所得的代数差。

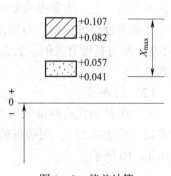

图1—8 偏差计算

孔的实际偏差以 E_a 表示，$E_a = D_a - D$

轴的实际偏差以 e_a 表示，$e_a = d_a - d$

（2）极限偏差

极限偏差分为上偏差和下偏差。

上偏差是最大极限尺寸减其基本尺寸所得的代数差。

孔的上偏差以 ES 表示，$ES = D_{max} - D$

轴的上偏差以 es 表示，$es = d_{max} - d$

下偏差是最小极限尺寸减其基本尺寸所得的代数差。

孔的下偏差以 EI 表示，$EI = D_{min} - D$

轴的下偏差以 ei 表示，$ei = d_{min} - d$

极限偏差是设计者根据实际需要确定的。

3. 公差及公差带

（1）零线与公差

零线是确定偏差的一条基准直线，即为零偏差线（简称零线）。通常，零线表示基本尺寸，正偏差位于零线的上方，负偏差位于零线的下方，如图1—9所示。

单元 **1**

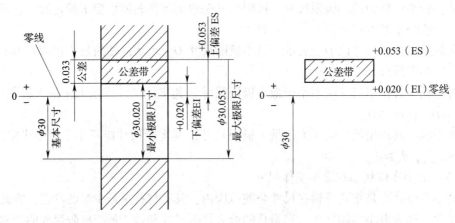

图1—9　公差带图的表示方法

公差是允许尺寸的变动量。

公差表示一批零件尺寸允许变动的范围，这个范围大小的数量值就是公差，所以它是绝对值，不是代数值。零公差、负公差的说法都是错误的。公差等于最大极限尺寸与最小极限尺寸之代数差的绝对值，可用公式表示为：

孔的公差以 TD 表示，$TD = D_{max} - D_{min} = ES - EI$

轴的公差以 Td 表示，$Td = d_{max} - d_{min} = es - ei$

公差的大小表示对零件加工精度高低的要求，并不能根据公差的大小去判断零件尺寸是否合格。上、下偏差表示每个零件实际偏差大小变动的界限，是代数值，是判断零件尺寸是否合格的依据，与零件加工精度的要求无关，但是，上、下偏差之差的绝对值（公差）是与精度有关的。公差是误差的允许值，是由设计确定的，不能通过实际测量得到。

（2）公差带

公差带是由代表两极限偏差或两极限尺寸的两平行直线所限定的区域。取基本尺寸为零线（零偏差线），用适当的比例画出以两极限偏差表示的公差带，称为公差带图，如图1—10所示。

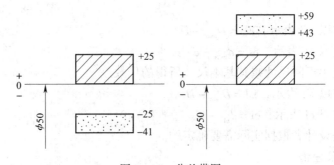

图1—10　公差带图

在公差带图中，零线水平放置，取零线以上为正偏差，零线以下为负偏差。偏差以微米（μm）为单位。公差带的大小取决于公差的大小，公差大的公差带宽，公差小的公差带窄；公差带相对于零线的位置取决于某一极限偏差。公差和极限偏差的大小都是根据使用性能由设计确定的。

4．标准公差与基本偏差

（1）标准公差

国家标准规定，用以确定公差带大小的任一公差值称为标准公差。国家标准规定了标准公差精度等级分20级。各级标准公差的代号由字母 IT 与阿拉伯数字两部分组成，IT 表示标准公差，阿拉伯数字表示公差等级。全部标准公差的等级系列为 IT01、IT0、IT1、IT2～IT18。其中 IT01 精度最高，IT18 精度最低，其余等级的精度依次从高到低。

（2）基本偏差

用以确定公差带相对于零线位置的上偏差或下偏差称为基本偏差。一般为靠近零线的偏差。当公差带位于零线上方时，其基本偏差为下偏差；当公差带位于零线下方时，其基本偏差为上偏差。

国家标准对孔和轴的每一基本尺寸规定了 28 个基本偏差，并规定用大写拉丁字母作为孔的基本偏差代号，用小写拉丁字母作为轴的基本偏差代号。

（3）公差带代号的表示方法

孔、轴公差带代号由基本偏差代号与公差等级代号组成。

5．配合

基本尺寸相同的、相互结合的孔和轴公差带之间的关系，称为配合。在孔与轴的配合中，孔的尺寸减去轴的尺寸所得之代数差，此差值为正时是间隙，以 X 表示；为负时是过盈，以 Y 表示。间隙配合、过盈配合和过渡配合分别如图 1—11、图 1—12 和图 1—13 所示。

单元
1

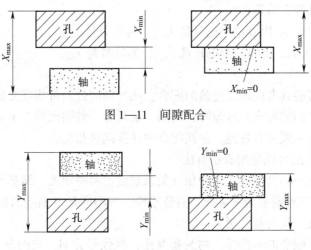

图 1—11　间隙配合

图 1—12　过盈配合

根据相互结合的孔、轴公差带的不同相对位置关系，可把配合分为间隙配合、过盈配合、过渡配合三种。

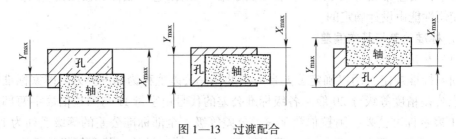

图1—13　过渡配合

（1）间隙配合

间隙配合是具有间隙（包括最小间隙等于零）的配合。孔的公差带必定在轴的公差带之上，如图1—11所示。

一批相配合的孔、轴的实际尺寸是不同的，装配后间隙也是不同的。当孔为最大极限尺寸、轴为最小极限尺寸时，装配后会有最大间隙，以X_{max}表示；当孔为最小极限尺寸、轴为最大极限尺寸时，装配后会有最小间隙，以X_{min}表示。二者可用下列公式表示：

$$X_{max} = D_{max} - d_{min} = ES - ei$$
$$X_{min} = D_{min} - d_{max} = EI - es$$

（2）过盈配合

过盈配合是具有过盈（包括最小过盈等于零）的配合。孔的公差带必定在轴的公差带之下，如图1—12所示。同样，一批相互配合的孔、轴的实际尺寸是变化的，每一对装配后的过盈也是变化的。当孔为最大极限尺寸、轴为最小极限尺寸时，装配后会有最小过盈，用Y_{min}表示；当孔为最小极限尺寸、轴为最大极限尺寸时，装配后会有最大过盈，用Y_{max}表示。

综合以上两种配合可得：

$D_{max} - d_{min} = ES - ei$ 代数差为正时是X_{max}，为负时是Y_{min}。

$D_{min} - d_{max} = EI - es$ 代数差为正时是X_{min}，为负时是Y_{max}。

（3）过渡配合

过渡配合是可能具有间隙或过盈的配合。孔与轴的公差带相互交叠，如图1—13所示。过渡配合介于间隙配合与过盈配合之间。某对孔、轴装配后，不是有间隙，就是有过盈，绝不会又有间隙又有过盈。过渡配合的计算同过盈配合。

（4）基准制与配合代号的表示方法

国家标准对孔与轴公差带之间的相互关系规定了两种制度，即基孔制和基轴制。

1）基孔制。基本偏差为一定的孔的公差带，与不同基本偏差的轴的公差带形成各种配合的一种制度，称为基孔制。

基孔制的孔是配合的基准件，称为基准孔，其代号为H，它的基本偏差为下偏差，其数值为零，上偏差为正值，即基准孔的公差带在零线上方。

基孔制中的轴是非基准件，由于轴的公差带相对零线具有各种不同的位置，因而形成各种不同性质的配合。当轴的基本偏差为上偏差即为负值或零时，是间隙配合；当轴

单元
1

的基本偏差为下偏差即为正值时，孔与轴的公差带相交叠，为过渡配合；当孔与轴的公差带相错开时，为过盈配合。

2）基轴制。基本偏差为一定的轴的公差带，与不同基本偏差的孔的公差带形成各种配合的一种制度，称为基轴制。

基轴制的轴是配合的基准件，称为基准轴，其代号为 A，它的基本偏差为上偏差，其数值为零，下偏差为负值，即基准轴的公差带在零线下方。

基轴制的孔是非基准件，由于孔的公差带相对零线具有不同位置，因而形成各种不同性质的配合，即间隙配合、过渡配合和过盈配合。

3）配合代号的表示方法。国家标准对配合的代号规定为：在基本尺寸后面用孔、轴公差带代号的组合表示，写成分数形式，分子是孔的公差带代号，分母是轴的公差带代号，如 $50\dfrac{H8}{f7}$。

6. 未注公差尺寸的极限偏差

未注公差尺寸是指在图样上只标注基本尺寸偏差，由相应的技术文件作出具体规定而不标极限偏差的尺寸。

图样上不注公差的尺寸通常有以下几种情况。

（1）非配合尺寸对这些尺寸的公差要求较低，不必注明。

（2）工艺方法可以保证达到要求的一些尺寸，如冲压件的尺寸由冲模决定，可以满足要求，没有必要注明公差。

（3）为简化制图，使图面清晰，并突出重要的有公差要求的尺寸，故其余尺寸的公差在图样上不标出。

（4）国家标准对未注公差尺寸的适用范围作出如下具体规定：

1）长度尺寸包括孔、轴、台阶、直径、距离、倒圆角半径和倒角等尺寸。

2）工序尺寸。

3）零件组装以后，经过加工所形成的尺寸。

（5）未注公差的取值。对于未注公差的精度等级，标准规定范围为 IT12～IT18，范围比采用 1/2 IT。在两种取值方法中，优先推荐孔取正偏差，轴取负偏差。

7. 公差与配合的应用

公差与配合的应用，就是如何经济地满足使用要求，确定相配合孔、轴公差带的大小和位置，即选择基准制、公差等级和配合种类。

（1）基准制的选择

基准制的选择与使用要求无关，不管选择基孔制还是基轴制，都可达到预期的目的，实现配合性质。但从工艺的经济性和结构的合理性考虑问题，对中、小尺寸应优先选用基孔制。因为基准孔的极限偏差是一定的，可用较少数量的刀具和量具（钻头、铰刀、拉刀、塞尺等）；配合轴的极限偏差虽然很多，但可用一把车刀和砂轮加工，比较经济。反之若选用基轴制，就需要配备很大数量价值昂贵的钻头、铰刀、拉刀、塞尺等刀具和量具。所以，选用基孔制可取得明显的经济效果。基轴制只有在与标准件（滚动轴承等）配合或结构上有特殊要求等情况下选用。

单元
1

（2）公差等级的选择

确定公差等级应综合考虑各种因素，如果选择公差等级过高，当然可以满足使用要求，但加工难度大、成本高。选择公差等级过低，加工容易、成本低，但未必能保证满足使用要求。所以，公差等级的选择应在满足使用要求的前提下，尽量选用较低的公差等级。保证产品质量，满足使用要求是选择时应首先考虑的因素，然后再考虑如何能更经济，选择比较合适的、尽量低的公差等级。一般情况采用类比法选择公差等级。

（3）配合种类的选择

配合种类的选择，实质上是确定孔、轴配合应具有一定的间隙或过盈，以满足使用要求，保证机器正常工作。当基准制、公差等级确定后，基准孔或基准轴的公差带就确定了，关键就是选择配合件公差带的位置，即选择配合件的基本偏差代号。选择配合件的基本偏差代号一般采用类比法，根据使用要求、工作条件，首先确定配合的类别。对于工作时有相对运动或虽无相对运动却要求装拆方便的孔、轴，应该选用间隙配合；对于主要靠过盈保持相对静止或传递载荷的孔、轴，应该选用过盈配合；对于既要求对中性高，又要求装拆方便的孔、轴，应该选用过渡配合。在满足实际生产需要和考虑生产发展需要的前提下，为了尽可能减少加工零件的刀具、量具和工艺装备的品种及规格，在常用尺寸标准中规定了优先、常用和一般用途的轴公差带（见图1—14），圆圈中的轴公差带为优先的，方框中的轴公差带为常用的。在常用尺寸标准中还规定了优先、常用和一般用途的孔公差带（见图1—15），圆圈中的孔公差带为优先的，方框中的孔公差带为常用的。选择配合件基本偏差时，应注意按优先、常用、一般用途的顺序选取。

公差与配合的标注方法如图1—16所示。

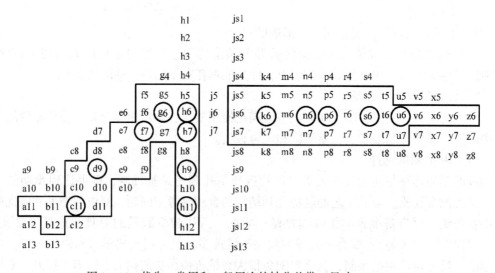

图1—14　优先、常用和一般用途的轴公差带（尺寸≤500 mm）

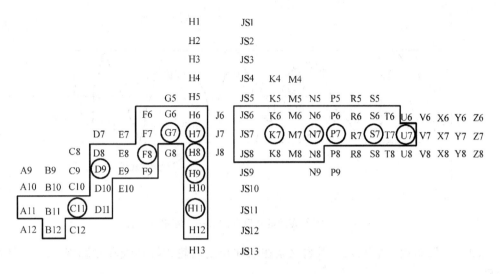

图 1—15　优先、常用和一般用途的孔公差带（尺寸≤500 mm）

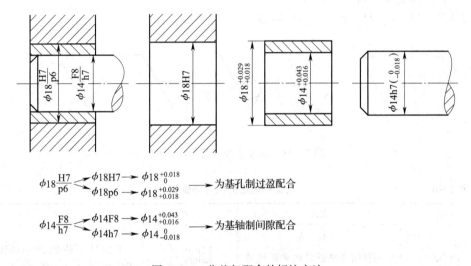

$$\phi18\frac{\mathrm{H7}}{\mathrm{p6}} \left\langle \begin{array}{l} \phi18\mathrm{H7} \longrightarrow \phi18^{+0.018}_{0} \\ \phi18\mathrm{p6} \longrightarrow \phi18^{+0.029}_{+0.018} \end{array} \right. \longrightarrow 为基孔制过盈配合$$

$$\phi14\frac{\mathrm{F8}}{\mathrm{h7}} \left\langle \begin{array}{l} \phi14\mathrm{F8} \longrightarrow \phi14^{+0.043}_{+0.016} \\ \phi14\mathrm{h7} \longrightarrow \phi14^{0}_{-0.018} \end{array} \right. \longrightarrow 为基轴制间隙配合$$

图 1—16　公差与配合的标注方法

六、表面粗糙度

零件表面因加工而形成的微观几何形状误差称为表面粗糙度。

1. 表面粗糙度的主要评定参数

（1）轮廓算术平均偏差 Ra。其含义为在取样长度 l 内，轮廓偏差 $Z(x)$（被测轮廓线上各点至基准线的距离）绝对值的算术平均值，如图 1—17 所示。可用公式表示：

轮廓算术平均偏差 Ra 为

$$Ra = \frac{1}{l}\int_0^l |Z(x)|\,\mathrm{d}x$$

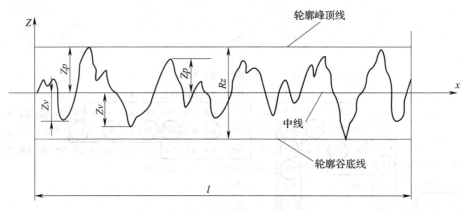

图 1—17　零件表面的轮廓曲线和表面粗糙度参数

（2）轮廓微观不平度 Rz。其含义是在取样长度内轮廓峰顶线和轮廓谷底线之间的距离。

2. 表面粗糙度的符号、代号

表面粗糙度的符号、代号见图 1—18 和表 1—6。

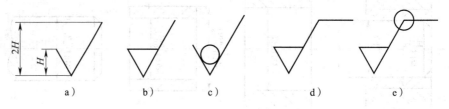

图 1—18　表面粗糙度符号的画法

表 1—6　　　　　　　　　表面粗糙度的代号举例

代号	意义	代号	意义
3.2 ✓	用任何方法获得的表面粗糙度，Ra 的上限值为3.2 μm	3.2max 1.6min ✓	用去除材料的方法获得的表面粗糙度，Ra 的上限值为 3.2 μm，Ra 的下限值为 1.6 μm
3.2 ▽	用去除材料的方法获得的表面粗糙度，Ra 的上限值为 3.2 μm	铣 6.3 ▽ ×	用铣削方法获得的表面粗糙度，Ra 的上限值为 6.3 μm，纹理成两相交的方向，所有表面粗糙度相同
3.2 ○▽	用不去除材料的方法获得的表面粗糙度，Ra 的上限值为 3.2 μm	3.2 Rz12.5 ▽	用去除材料的方法获得的表面粗糙度，Ra 的上限值为 3.2 μm，Rz 的上限值为 12.5 μm

单元 **1**

3. 表面粗糙度的标注

表面粗糙度符号的方向如图 1—19 所示。

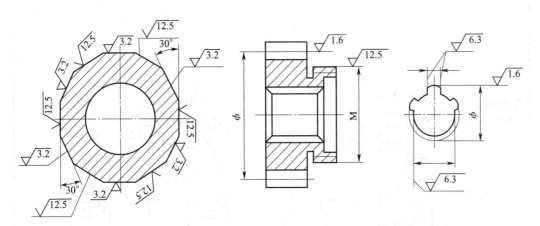

图 1—19　表面粗糙度符号的方向

七、识读零件图

1. 零件的分类

零件可分为标准件、常用件和专用件。

（1）标准件。结构、尺寸、材料等都标准化的机件，如螺纹紧固件、键、销、轴承等。标准件以规定画法表示，不单独画零件图。

（2）常用件。部分重要参数标准化的机件，如齿轮、弹簧等。

（3）专用件。根据机器或部件需要而设计的零件。

2. 零件图的主要内容

一张完整的零件图（见图 1—20）一般应包括以下四个方面的内容：

（1）图形。完整、正确、清晰地表达零件各部分的结构、形状的一组图形（视图、剖视图、断面图等）。

（2）尺寸。确定零件各部分结构、形状大小及相对位置的全部尺寸（定形、定位尺寸）。

（3）技术要求。用规定符号、文字标注或说明表示零件在制造、检验、装配、调试等过程中应达到的要求。

（4）标题栏。在标题栏中一般应填写零件的名称、材料、比例、数量、图号等，并由设计、制图、审核等人员签上姓名和日期。

3. 识读零件图的方法

（1）读标题栏。了解零件的名称、材料、质（重）量以及画图的比例等内容，结合典型零件的分类及已有的经验，还可大致了解零件的作用。

（2）分析视图。读懂零件的形状、结构。根据视图的配置和标注，弄清各视图之间的投影关系。运用形体分析和结构分析方法，读懂零件各部分的形状，然后综合起来，读懂整个零件的形状和结构。

单元

1

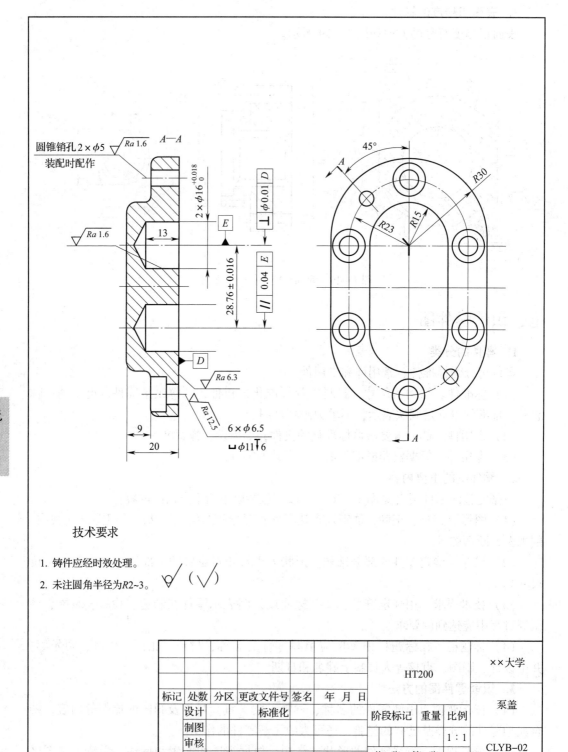

图1—20 识读零件图举例

（3）分析尺寸。分析、确定尺寸基准，了解零件各部分的定形、定位尺寸和零件的总体尺寸，并注意尺寸是否齐全、合理。

（4）了解技术要求。包括尺寸公差及配合的种类、形位公差、表面粗糙度及热处理等其他技术要求。

（5）综合分析。将读懂的形状结构、尺寸标注以及技术要求等内容综合起来，就能掌握零件图中所包含的全部信息。对于比较复杂的零件图，有时还要结合装配图以及相关的零件图才能读懂。

第二节　标准件及常用件

一、紧固件

紧固件也称为连接件，是将两个或两个以上的零件（或构件）紧固连接成为一件整体时所采用的一类机械零件的总称，包括螺栓、螺柱、螺钉、螺母与垫圈等。常见紧固件的种类如图 1—21 所示。

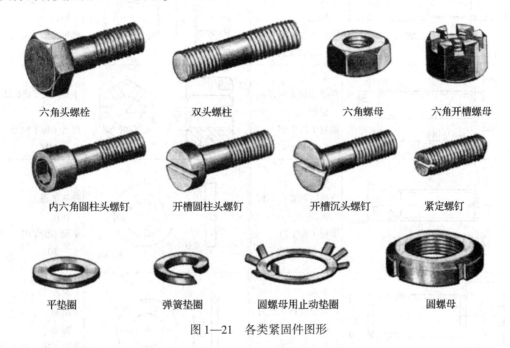

六角头螺栓	双头螺柱	六角螺母	六角开槽螺母
内六角圆柱头螺钉	开槽圆柱头螺钉	开槽沉头螺钉	紧定螺钉
平垫圈	弹簧垫圈	圆螺母用止动垫圈	圆螺母

单元 1

图 1—21　各类紧固件图形

1. 螺纹紧固件的标记

螺纹紧固件的标记为：

名称　标准编号 – 规格或公称尺寸 × 公称长度 – 产品型式 – 性能等级 – 产品等级 – 表面处理

例如，螺纹规格 $d = $ M12，公称长度 $l = 80$ mm，性能等级为 10.9 级，产品等级为 A，表面氧化处理的六角头螺栓，记为：

螺栓 GB/T 5782 — 2000 – M12 × 80 – 10.9 – A – O

或简记为：

螺栓 GB/T 5782　M12 × 80

2. 常用螺纹紧固件的图例及标记

常用螺纹紧固件的图例及标记见表 1—7。

表 1—7　　　　　　　　　　常用螺纹紧固件的图例及标记

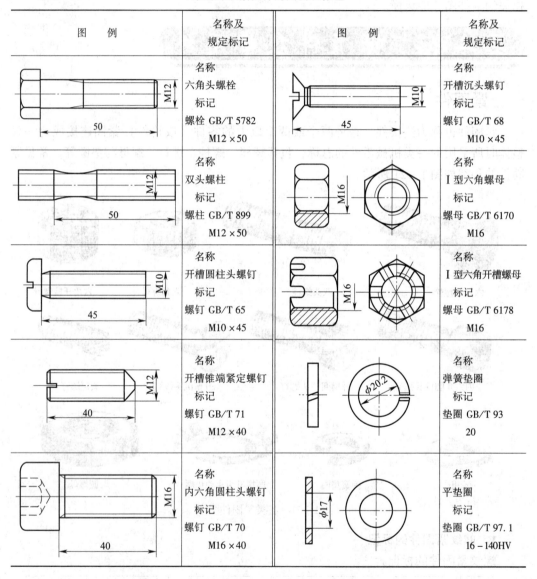

图　　例	名称及规定标记	图　　例	名称及规定标记
M12 50	名称 六角头螺栓 标记 螺栓 GB/T 5782 M12 × 50	M10 45	名称 开槽沉头螺钉 标记 螺钉 GB/T 68 M10 × 45
M12 50	名称 双头螺柱 标记 螺柱 GB/T 899 M12 × 50	M16	名称 I 型六角螺母 标记 螺母 GB/T 6170 M16
M10 45	名称 开槽圆柱头螺钉 标记 螺钉 GB/T 65 M10 × 45	M16	名称 I 型六角开槽螺母 标记 螺母 GB/T 6178 M16
M12 40	名称 开槽锥端紧定螺钉 标记 螺钉 GB/T 71 M12 × 40	$\phi20.2$	名称 弹簧垫圈 标记 垫圈 GB/T 93 20
M16 40	名称 内六角圆柱头螺钉 标记 螺钉 GB/T 70 M16 × 40	$\phi17$	名称 平垫圈 标记 垫圈 GB/T 97.1 16 – 140HV

3. 螺纹及其连接的画法

（1）螺纹的画法

如图 1—22 所示是螺纹的画法。螺纹的牙顶用粗实线表示，牙底用细实线表示，在螺杆的倒角或倒圆部分也应画出。在垂直于螺纹轴线的投影面的视图中，表示牙底的细实线圆只画约 3/4 圈，此时轴或孔上的倒角省略不画。完整螺纹的终止界线（简称螺纹终止线）用粗实线表示。当需要表示螺纹收尾时，螺尾部分的牙底用与轴线成30°角的细实线绘制。无论是外螺纹或内螺纹，在剖视或剖面图中剖面线都必须画到粗实线。采用比例法绘制螺纹紧固件示例如图1—23所示。

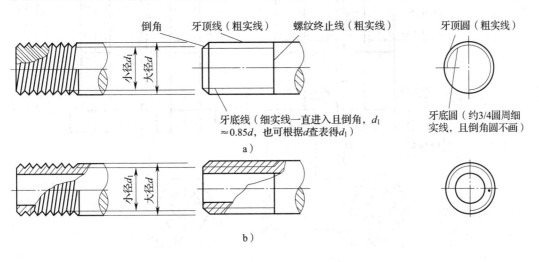

牙底线（细实线一直进入且倒角，$d_1 \approx 0.85d$，也可根据d查表得d_1）

a）

牙底圆（约3/4圆周细实线，且倒角圆不画）

b）

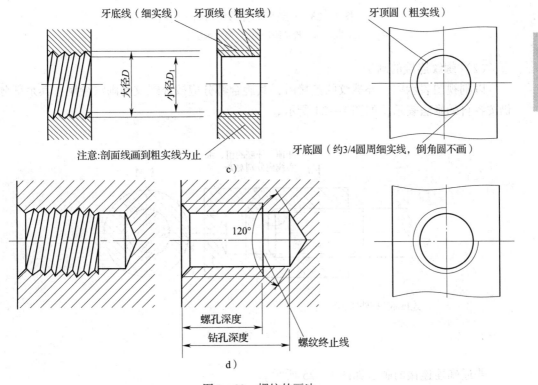

注意:剖面线画到粗实线为止

c）

螺孔深度
钻孔深度
螺纹终止线

d）

图1—22　螺纹的画法

a）外螺纹的画法　　b）螺纹制作在管子外表面的剖开画法

c）内螺纹通孔画法　　d）内螺纹不通孔（盲孔）画法

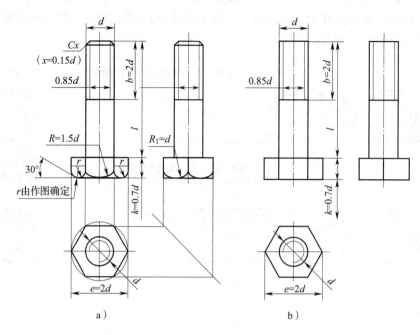

图1—23　螺纹紧固件的比例画法示例
a）规定画法　b）简化画法

（2）螺纹连接的画法

以剖视图表示内、外螺纹的连接时，其旋合部分应按外螺纹的画法绘制，其余部分仍按各自的画法表示，如图1—24所示。

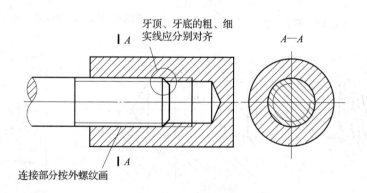

图1—24　螺纹连接

普通螺栓连接的画法如图1—25所示。
双头螺柱连接的画法如图1—26所示。
螺钉连接的画法如图1—27所示。

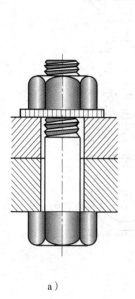

a）

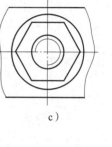

b）

c）

$a=（0.2\sim0.3）d$

$d_0=1.1d$（板上孔的大小）

图 1—25　普通螺栓连接的画法

a）示意图　b）规定画法　c）简化画法

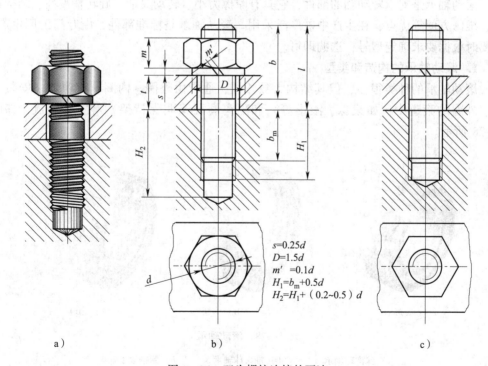

a）

b）

c）

$s=0.25d$

$D=1.5d$

$m'=0.1d$

$H_1=b_m+0.5d$

$H_2=H_1+（0.2\sim0.5）d$

图 1—26　双头螺柱连接的画法

a）示意图　b）一般画法　c）简化画法

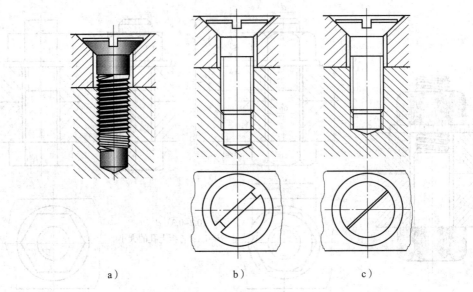

a) b) c)

图 1—27 螺钉连接的画法

a）示意图 b）一般画法 c）简化画法

二、滚动轴承

滚动轴承是支承转动轴的部件，它具有摩擦力小、转动灵活、旋转精度高、结构紧凑、维修方便等优点，在生产中被广泛采用。滚动轴承是标准部件，由专门工厂生产，需要时根据要求确定型号，选购即可。

1. 滚动轴承的构造和类型

滚动轴承的种类很多，但其结构大致相同，通常由外圈、内圈、滚动体（安装在内、外圈的滚道中，如滚珠、滚锥等）和隔离圈（又叫保持架）等零件组成，如图 1—28 所示。

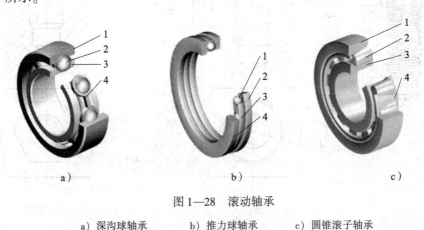

a) b) c)

图 1—28 滚动轴承

a）深沟球轴承 b）推力球轴承 c）圆锥滚子轴承

1—外圈 2—滚珠 1—滚珠 2—下圈 1—外圈 2—滚子

3—内圈 4—保持架 3—保持架 4—上圈 3—内圈 4—保持架

滚动轴承按其承受载荷的方向不同，可分为三类：

（1）向心轴承。主要用以承受径向载荷，如深沟球轴承，如图1—28a所示。

（2）推力轴承。用以承受轴向载荷，如推力球轴承，如图1—28b所示。

（3）向心推力轴承。可同时承受径向和轴向的联合载荷，如圆锥滚子轴承，如图1—28c所示。

2. 滚动轴承的代号

国家标准规定滚动轴承的结构、尺寸、公差等级与技术性能等特性用代号表示，滚动轴承的代号由前置代号、基本代号与后置代号组成。前置代号、后置代号是轴承在结构形状、尺寸、公差与技术要求等有所改变时，在其基本代号的左右添加的补充代号。需要时可以查阅有关国家标准。

一般常用的轴承由基本代号表示，基本代号表示轴承的基本类型、结构和尺寸。基本代号是滚动轴承代号的基础，由滚动轴承的类型代号、尺寸系列代号和内径代号构成。滚动轴承的类型代号用阿拉伯数字或大写拉丁字母表示，见表1—8。

表1—8   滚动轴承的类型代号

代号	轴承类型	代号	轴承类型
0	双列角接触球轴承	6	深沟球轴承
1	调心球轴承	7	角接触球轴承
2	调心滚子轴承和推力调心滚子轴承	8	推力圆柱滚子轴承
3	圆锥滚子轴承	N	圆柱滚子轴承（双列或多列用字母NN表示）
4	双列深沟球轴承	U	外球面球轴承
5	推力球轴承	QJ	四点接触球轴承

尺寸系列由宽（高）度系列和直径系列代号组成，一般由两位数字组成，表示同一内径的轴承，其内、外圈的宽度、厚度不同，承载能力也随之不同。尺寸系列代号可查阅有关标准。

内径代号表示轴承的公称内径，即轴承内圈的孔径，一般也由两位数字组成。滚动轴承公称内径（$d \geq 10$）的代号见表1—9。

表1—9   常用轴承内径代号

公称内径/mm		内径代号
10～17	10	00
	12	01
	15	02
	17	03
20～480（22、28、32除外）		内径代号用公称内径除以5的商数表示。商数为个位数时，需在商数左边加"0"

单元
1

滚动轴承的规定标记示例：

滚动轴承 6205 GB/T 276—2013

其中 6——轴承类型代号，表示深沟球轴承。

2——尺寸系列代号为 02。宽度系列代号为"0"，省略，表示窄系列；直径系列代号为"2"，表示轻系列。

05——轴承内径代号，内径 $d = 5 \times 5 = 25$ mm。

滚动轴承 32210 GB/T 297—2015

其中 3——轴承类型代号，表示圆锥滚子轴承。

22——尺寸系列代号为 22。宽度系列代号为"2"，表示宽系列；直径系列代号为"2"，表示轻系列。

10——轴承内径代号，内径 $d = 5 \times 10 = 40$ mm。

常用滚动轴承的类型代号、特点及应用见表 1—10。

表 1—10　　　　　常用滚动轴承的类型代号、特点及应用

名称及类型代号	结构简图	承载方向	标准	主要特点和应用
深沟球轴承 0000		径向为主或径、轴向兼有	GB/T 276—2013	当转数较高，轴向负荷不大时，可以代替推力球轴承受纯轴向负荷。具有摩擦最小、速度最高的特点，适用于刚性双支承轴
调心球轴承 1000		径向为主，少量轴向	GB/T 281—2013	能自动调心，适用于多支点和弯曲刚度不足的轴，还可用于车辆等经受颠簸的轮轴上
圆柱滚子轴承 2000		径向	GB/T 283—2007	内、外圈可以分别安装，适用于刚度较大的双支承短轴，并要求各轴承孔有较高的同心度
调心滚子轴承 53000		径、轴向兼有	GB/T 288—2013	能自动调心，适用于刚度较差的轴承座孔及多支点轴中，常用于各种车辆和传送运输机构中

名称及类型代号	结构简图	承载方向	标准	主要特点和应用
滚针轴承 544000	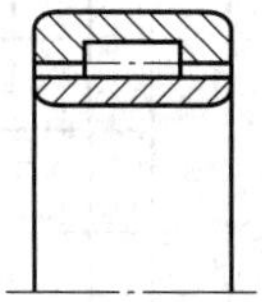	径向	GB/T 5801—2006	径向尺寸小，一般无保持架，滚针间摩擦大。可以不带内圈或外圈。安装时要内、外圈轴线平行。适用于刚度大的地方
角接触球轴承 6000	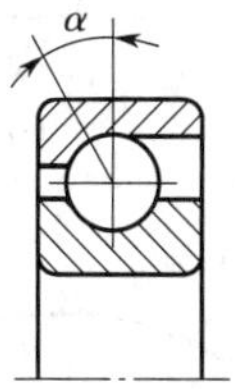	径、轴向兼有	GB/T 292—2007	内、外圈可分别安装，用于支承间距离不大的刚性双支承轴，及在安装和使用过程中需要调节轴承游隙和转速较高的机构。一般成对使用
圆锥滚子轴承 7000	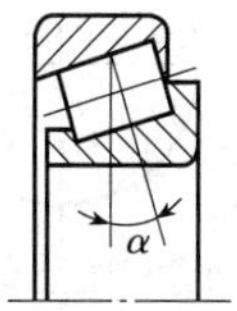	径向为主或径、轴向兼有	GB/T 297—2015	内外圈可分别安装，游隙可以调整，适用于刚性双支承轴。承受径向负荷时，会引起轴向力。一般成对使用
推力球轴承 8000	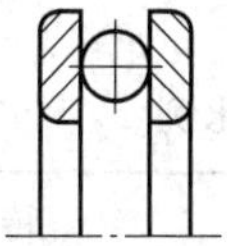	轴向	GB/T 28697—2012	高速时，较大的离心力使滚动体与保持架产生摩擦，发热严重，故一般用于轴向负荷大而转速较低的情形

单元 **1**

3. 滚动轴承的画法

滚动轴承的画法分为简化画法和规定画法，一般在画图前，根据轴承代号从相应的标准中查出滚动轴承的外径 D、内径 d、宽度 B 和 T 后，按比例关系绘制。

（1）简化画法

简化画法又分为通用画法和特征画法两种，但在同一张图样中一般只采用其中的一种画法。

1）通用画法。通用画法是最简便的一种画法，如图1—29所示。在装配图的剖视图中，当不需要表示其外形轮廓、载荷特性和结构特征时，采用图1—29a的画法；当需要确切表示其外形时，采用图1—29b的画法；图1—29c给出了通用画法的尺寸比例。

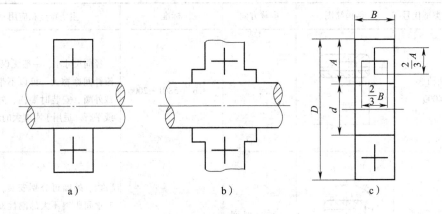

图1—29　滚动轴承的通用画法

2）特征画法。特征画法既可形象地表示滚动轴承的结构特征，又可给出装配指示，比规定画法简便。

在垂直于轴线的投影面的视图中，无论滚动体的形状及尺寸如何，均只画出内、外两个圆和一个滚动体，如图1—30所示。

（2）规定画法

规定画法接近于真实投影，但不完全是真实投影。规定画法一般画在轴的一侧，另一侧按通用画法绘制，见表1—11。

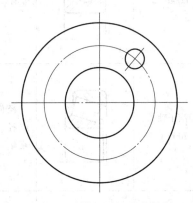

图1—30　滚动轴承端视图的特征画法

表1—11　　　　　　　滚动轴承的简化画法和规定画法的尺寸比例

轴承名称及代号	规定画法、通用画法	特征画法
深沟球轴承6000型		

轴承名称及代号	规定画法、通用画法	特征画法
推力球轴承 50000 型	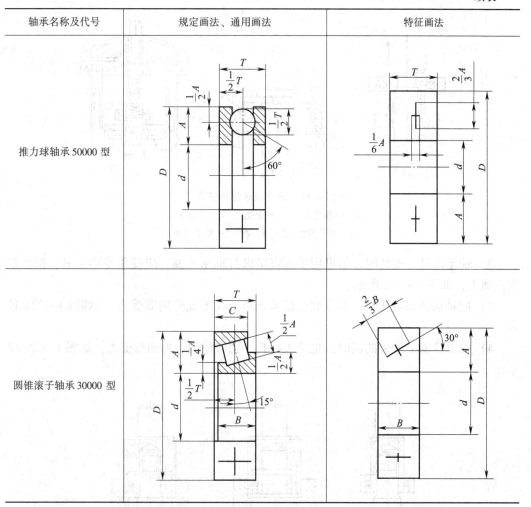	
圆锥滚子轴承 30000 型		

注：规定画法、通用画法一列中，图样以轴线为界，上半部分为规定画法，下半部分为通用画法。

4. 滚动轴承的拆卸装配方法

（1）滚动轴承的拆卸

1）拆卸滚动轴承要使用专用工具，操作时要注意受力部位。例如，从轴上拆卸滚动轴承，受力部位是轴承内圈；从轴承孔中拆卸轴承时，则应是外圈受力。滚动轴承的拆卸方法如图1—31所示。

2）利用拉取器拆卸时，作用力要通过零件的轴心，拉取器两脚杆与螺杆保持平行，且与螺杆距离相等，使被拆零件受力均匀，防止损坏或变形。

3）在拆卸时，也可用浇热油（约100℃）的方法来加热轴承内座圈，但要防止轴颈受热。

（2）滚动轴承的装配

1）安装前，应把轴承、轴颈、座孔以及油孔等用煤油或汽油清洗干净。需用润滑脂的，要涂上清洁的润滑脂。

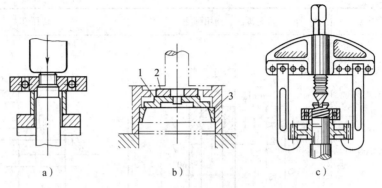

图 1—31　滚动轴承的拆卸方法

a）内圈受力　b）外圈受力　c）拉取轴承

1—对开圆盘　2—空心盘　3—轴承外圈

2）轴承向轴上安装时，不可用手锤直接敲打轴承外圈，应使用专用工具，把力加在内圈上，如图 1—32a 所示。

3）把轴承装入轴孔时，力应加在轴承外圈上（不允许内圈受力），如图 1—32b 所示。

4）如果往轴上安装的同时，也装入座孔，则应使内、外圈都受力，如图 1—32c 所示。

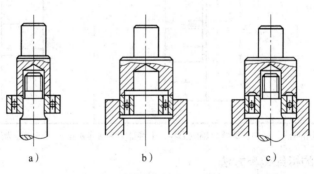

图 1—32　滚动轴承的安装

a）压入轴　b）压入孔　c）压入轴和座孔

三、键和销

1. 键

键通常用来连接轴和装在轴上的转动零件（如齿轮），起传递扭矩的作用。常用的键有普通平键、半圆键和钩头楔键，如图 1—33 所示。键的种类、特点和应用见表 1—12。

（1）键的画法和标记

键是标准件，根据轴的直径确定。普通平键的型号有 A、B、C 三种，在标记时 A 型平键可省略不标，B 型、C 型应写出 B 或 C。键的标准编号、画法和标记示例见表 1—13。

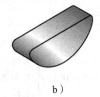 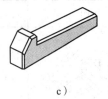

a)　　　　　　　　b)　　　　　　　　c)

图 1—33　各种键的图形

a) 平键　b) 半圆键　c) 钩头楔键

表 1—12　　　　　　　　　键的种类、特点和应用

种类		图例	标准	特点	应用
平键	普通平键	A型 B型 C型	GB/T 1096—2003	A 型用于端铣刀加工的轴槽，固定良好，应力集中较大；B 型用于盘铣刀加工的轴槽，轴的应力集中较小；C 型用于轴端	应用最广，也适用于高精度、高速，或承受变载、冲击的场合；薄型平键适用于薄壁结构和其他特殊用途的场合
	导向平键	A型 B型	GB/T 1097—2003	键用螺钉固定在轴上，键与毂槽为动配合，轴上零件能作轴向移动；为了拆卸方便，设有起键螺钉	用于轴上零件轴向移动量不大的场合，如变速箱中的滑移齿轮
半圆键			GB/T 1098—2003	靠侧面传递扭矩，键在轴槽中能绕槽底圆弧曲率中心摆动，装配方便。键槽较深，对轴的削弱较大	一般用于轻载，适用于轴的锥形端部
楔键	普通楔键	1:100	GB/T 1564—2003	键的上下两面是工作面，键的上表面和毂槽的底面各有 1:100 的斜度，装配时需打入，靠楔紧作用传递转矩，能轴向固定零件和传递单向轴向力。但会使轴上零件与轴的配合产生偏心与偏斜	用于精度要求不高，转速较低时传递较大、双向的或有振动的转矩。用于外部轴端或电机轴上固定带轮等结构简单、紧凑的地方。有钩头的用于不能从另一端将键打出的场合。钩头供拆卸用，应注意加保护罩
	钩头楔键	1:100	GB/T 1565—2003		

基础知识

单 元

1

— 31 —

续表

种类		图例	标准	特点	应用
花键	矩形花键	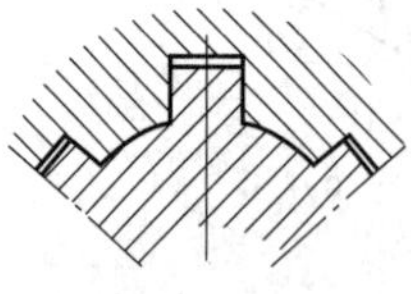	GB/T 1144—2001	加工方便，可用磨削方法获得较高精度，但齿根部应力集中较大。多齿工作，承载能力强，对中性好，导向性好	应用广泛，如拖拉机、汽车、机床制造业、农业机械及一般机械传动装置
	渐开线花键	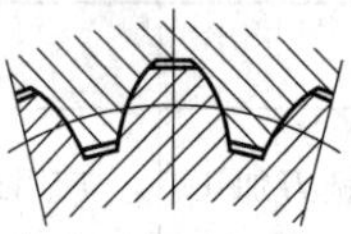	GB/T 3478.1—2008	齿廓为渐开线。受载时齿上有径向分力，能自动定心，各齿承载均匀，齿根较厚，强度高，应力集中小。加工工艺与齿轮相同，易获得较高精度，但需专用设备。按齿形、分度圆的同心圆及外径定心	用于载荷较大、定心精度要求较高以及尺寸较大的连接

表 1—13   键的标准编号、画法和标记示例

名称	标准编号	图例	标记示例
普通平键	GB 1096	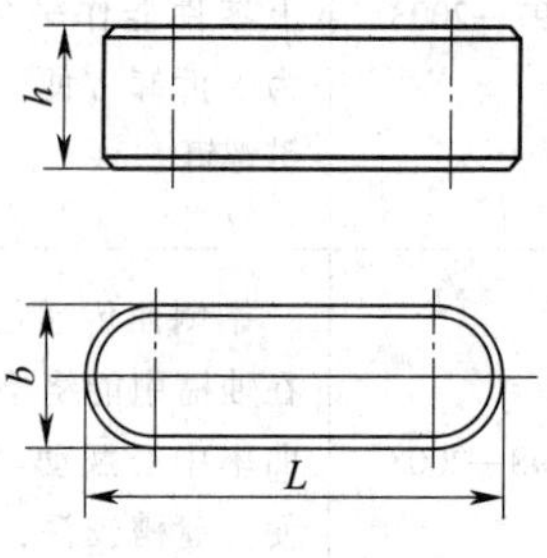	$b = 18$ mm，$h = 11$ mm，$L = 100$ mm 的 A 型普通平键： 键 18×100 GB 1096—2003
半圆键	GB 1098	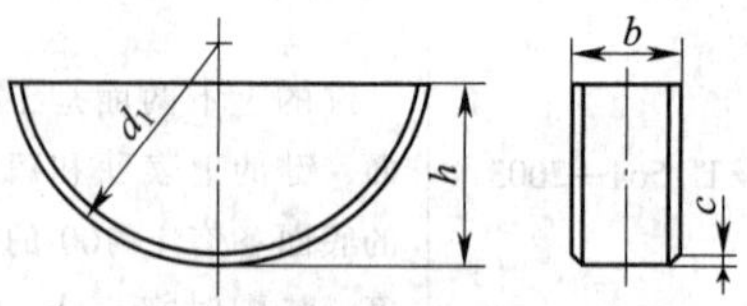	$b = 6$ mm，$h = 10$ mm，$d_1 = 25$ mm 的半圆键： 键 6×25 GB 1098—2003

（2）键的作用

键主要用于轴和轴上的零件（如带轮、齿轮等）之间的连接，起着传递扭矩的作用。如图 1—34 所示，将键嵌入轴上的键槽中，再将带有键槽的齿轮装在轴上。当轴转动时，因为键的存在，齿轮就与轴同步转动，达到传递动力的目的。

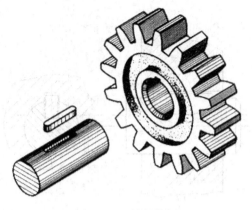

图1—34　键的作用

（3）键连接的画法

画平键连接时，由已知轴的直径、键的型式和键的长度，然后根据轴的直径查相关标准选取键和键槽的断面尺寸，键的长度按轮毂长度在标准长度系列中选取。

由于普通平键的两侧面为工作面，与轴和轮毂的键槽的两侧面接触，所以在图上只画一条线。而键的上、下底面为非工作面，上底面与轮毂键槽之间留有一定的间隙，画两条线，如图1—35所示。

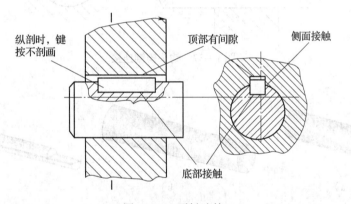

图1—35　平键连接

半圆键也是两侧面为工作面，画法与普通平键相似，如图1—36所示。半圆键在轴键槽中能绕槽底圆弧摆动，能自动适应轮毂键槽底面的倾斜，所以适用于锥形轴。但因键槽较深，所以适用于对轴的强载荷不大的场合。

钩头楔键的上、下底面是工作面，各画一条线。两侧面为非工作面，画两条线，如图1—37所示。

2. 销

销是标准件，销主要用来固定零件之间的相对位置，通常用于零件间的连接或定位，也可用于轴与轮毂的连接，传递不大的载荷，还可作为安全装置中的过载剪断元件。销的常用材料为35钢、45钢。常用的销有圆柱销、圆锥销、开口销等，如图1—38所示，销的种类、特点和应用见表1—14。

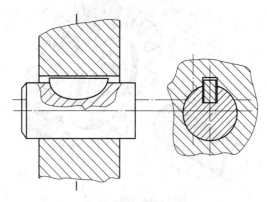

图1—36　半圆键连接

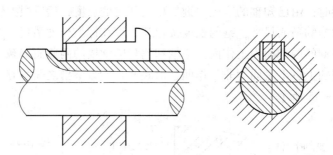

图1—37　钩头楔键连接

单元 **1**

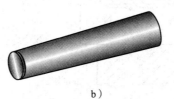

a）　　　　　　　　　　b）　　　　　　　　　　c）

图1—38　常用销

a）圆柱销　b）圆锥销　c）开口销

表1—14　　　　　　　　　　销的种类、特点和应用

	种类	图例	标准	特点和应用
圆柱销	普通圆柱销		GB/T 119.1—2000	只能传递不大的载荷，主要用于定位，也可用于连接。内螺纹圆柱销多用于盲孔
	内螺纹圆柱销		GB/T 120—2000	

续表

种类		图例	标准	特点和应用
圆锥销	普通圆锥销	 ◁1:50	GB/T 117—2000	在受横向力时能自锁，定位精度比圆柱销高。主要用于定位，也可用于固定零件，传递动力。多用于经常拆装的场合
	内螺纹圆锥销	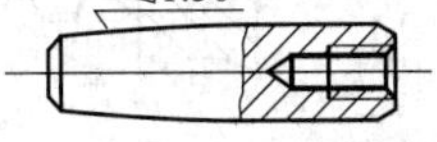 ◁1:50	GB/T 118—2000	
	螺尾锥销	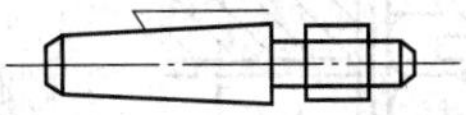 ◁1:50	GB/T 881—2000	
开口销		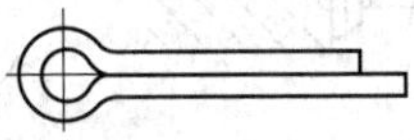	GB/T 91—2000	工作可靠，拆卸方便，用于锁定其他紧固件

（1）销的标记

销的标记格式为：

名称·GB 编号—年代·型号·公称直径×长度

例如：

B 型圆柱销：$d = 8$ mm，$L = 30$ mm

销 GB/T 119.1—2000　B8 × 30

A 型圆锥销：$d = 6$ mm，$L = 32$ mm

销 GB/T 117—2000　A6 × 32

开口销：$d = 4$ mm，$L = 50$ mm

销 GB/T 91—2000　4 × 50

（2）销连接的画法

圆柱销利用微量过盈固定在销孔中，经过多次装拆后，连接的紧固性及其精度降低，故只宜用于不常拆卸的场合。销连接的画法见表 1—15。

表 1—15　　　　　　　　　　　销连接的画法

名　　称	连接画法
圆柱销	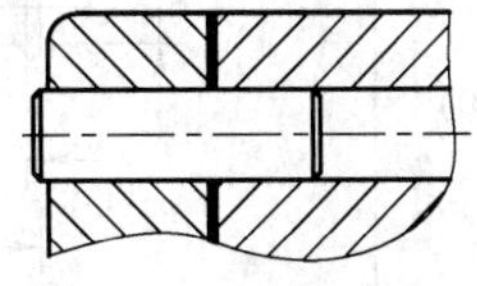

续表

名　称	连接画法
圆锥销	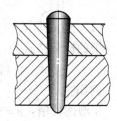
开口销	

圆锥销有 1∶50 的锥度，装拆比圆柱销方便，多次装拆对连接的紧固性及定位精度影响较小，因此应用广泛，如图 1—39 所示。

开口销用在带孔螺栓和带槽螺母上，将其插入槽形螺母的槽口和带孔螺栓的孔，并将开口销的尾部叉开，以防止螺母与螺栓脱落。常用的销的图例和标记见表 1—16。

图 1—39　圆锥销

表 1—16　　　　　　　　　　常用的销的图例和标记

名称和标准	图例	标记及说明
圆柱销 （GB/T 119.1—2000）	≈15°　c　c　l　d	销 GB/T 119.1 6 m6×30 表示圆柱销公称直径 d = 6 mm，公差 m6，公称长度 l = 30 mm，材料为钢，不淬火，不经表面处理
圆锥销 （GB/T 117—2000）	1∶50　d　R₁　R₂　a　a　l	销 GB/T 117 10×60 表示为 A 型圆锥销，其公称直径 d = 10 mm，公称长度 l = 60 mm，材料为 35 钢，热处理 28～38HRC，表面氧化

续表

名称和标准	图例	标记及说明
开口销 （GB/T 91—2000）	允许制造的型式 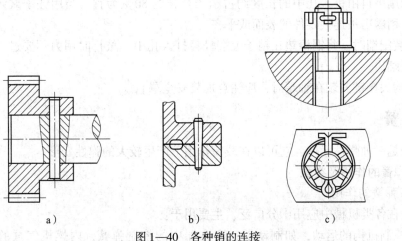	销 GB/T 91 5×50 表示为开口销，其公称直径 $d=5$ mm，公称长度 $l=50$ mm，材料为低碳钢，不经表面处理

圆柱销和圆锥销的画法与一般零件相同。如图1—40所示，在剖视图中，当剖切平面通过销的轴线时，按不剖处理。画轴上的销连接时，通常对轴采用局部剖，以表示销和轴之间的配合关系。

图1—40 各种销的连接

a）圆柱销 b）圆锥销 c）开口销

用圆柱销和圆锥销连接零件时，装配要求较高，被连接零件的销孔一般在装配时同时加工，并在零件图上注明"与××件配作"，如图1—41所示。开口销常与槽形螺母配合使用，它穿过螺母上的槽和螺杆上的孔以防止螺母松动。

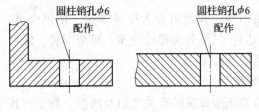

图1—41 销孔配作

3. 键与销的拆卸装配方法

（1）拆卸

1）平键的侧面为工作面，楔键的底面和顶面为工作面，在拆卸时不可敲击工作面，应从两端将其撬出。

2）导向平键应使用起键螺钉将其拨出。

3）圆柱销、圆锥销拆卸时，应使用铜棒或在头部垫上东西再将其敲出。圆柱销不可多次拆卸。

（2）装配

1）装配前应把所要装配的零件清洗干净，并在配合面涂以少许机油。

2）装配平键时，先把键放入轴上的键槽内，然后推上轮毂。

3）装配楔键时，对于圆头楔键要先放入键槽，然后打紧轮毂；对于钩头楔键应在轮毂装到适当的位置后，再将键打紧。

4）装配销时，应将被连接的两零件紧固在一起，同时进行钻孔或铰孔，尤其是定位销。

5）圆锥销钻孔时可按小端直径选取钻头，并要控制孔深。一般用试配估测确定，以小于能用手自由推入孔中的长度约占销子全长的80%为宜。当用锤子敲入后，销子的大头可稍露出被连接零件的表面或平齐。

6）装配销时，将铜棒垫在销子上端轻轻打入孔中，敲打时用力不要过大，以免将销头打成翻边。

7）钩头楔键安装在轴端时，应注意加装安全罩。

四、弹簧

弹簧是一种弹性元件，它可以在载荷作用下产生较大的弹性变形。

1. 弹簧的作用及类型

（1）弹簧的作用

弹簧在各类机械中应用十分广泛，主要用于：

1）控制机构的运动，如制动器、离合器中的控制弹簧，内燃机气缸的阀门弹簧等。

2）减振和缓冲，如汽车、火车车厢下的减振弹簧，以及各种缓冲器用的弹簧等。

3）储存及输出能量，如钟表弹簧、枪栓弹簧等。

4）测量力的大小，如测力器和弹簧秤中的弹簧等。

（2）弹簧的类型

按照所承受的载荷不同，弹簧可分为拉伸弹簧、压缩弹簧、扭转弹簧和弯曲弹簧等；按照弹簧的形状不同，又可分为螺旋弹簧、环形弹簧、蝶形弹簧、板簧和平面涡卷弹簧等。弹簧的基本类型见表1—17。

2. 圆柱螺旋压缩弹簧

本节只介绍圆柱螺旋压缩弹簧的有关知识及画法，想了解其他种类弹簧的相关知识可参阅国家标准的有关规定。

（1）圆柱螺旋压缩弹簧简介

圆柱螺旋压缩弹簧各部分名称及尺寸关系如图1—42所示。

表 1—17   弹簧的基本类型

按载荷分 按形状分	拉伸	压缩		扭转	弯曲
螺旋形	圆柱螺旋 拉伸弹簧	圆柱螺旋 压缩弹簧	圆锥螺旋 压缩弹簧	圆柱螺旋 扭转弹簧	—
其他形	—	环形弹簧	碟形弹簧	平面涡卷弹簧	板簧

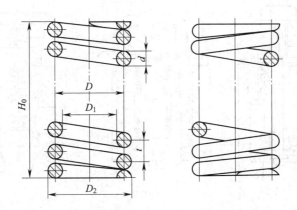

图 1—42　圆柱螺旋压缩弹簧各部分名称及画法

1）线径（簧丝直径）d。制造弹簧的钢丝直径称为簧丝直径。

2）弹簧内径 D_1、弹簧外径 D_2、弹簧中径 D。它们之间的关系如下：$D_2 = D + d$，$D_1 = D - d$。

3）节距 t。除支撑圈外，相邻两圈的轴向距离。

4）支撑圈数 n_2。为使压缩弹簧支撑平稳，制造时将弹簧两端并紧且磨平。磨平和并紧的各圈仅起支撑作用，称支撑圈。通常支撑圈有 1.5 圈、2 圈、2.5 圈三种，其中 2.5 圈用得最多。

单元
1

5）有效圈数 n 和总圈数 n_1。除支撑圈数外，其余保持节距相等的圈数称为有效圈数。有效圈数 n 与支撑圈数 n_2 之和称为总圈数 n_1，即 $n_1 = n + n_2$。

6）自由高度 H_0。弹簧在不受外力作用时的高度。

7）展开长度 L。制造弹簧时坯料的长度，$L = \pi D n_1 / \cos\alpha$，$\alpha$ 为螺旋角，压缩弹簧 $\alpha = 5° \sim 9°$。

（2）圆柱螺旋压缩弹簧的规定画法

1）在平行于轴线的投影面的视图中，各圈的轮廓线画成直线，如图 1—42 所示。

2）螺旋弹簧均可画成右旋，对必须保证的选项要求应在"技术要求"中注明。

3）螺旋压缩弹簧如要求两端并紧且磨平时，不论支撑圈多少均按支承圈为 2.5 圈绘制，必要时也可按支承圈的实际结构绘制。

4）有效圈在 4 圈以上的弹簧，可以每端只画 1~2 圈有效圈，中间部分省略不画。中间部分省略后，允许适当缩短图形长度。

5）在装配中被弹簧挡住的结构一般不画，可见部分应从弹簧的外轮廓线或从弹簧钢丝剖面的中心线画起，如图 1—43a 所示。当弹簧被剖切时，如簧丝剖面直径在图形上等于或小于 2 mm 时，可以涂黑表示，如图 1—43b 所示。也可用示意图绘制，如图 1—43c 所示。

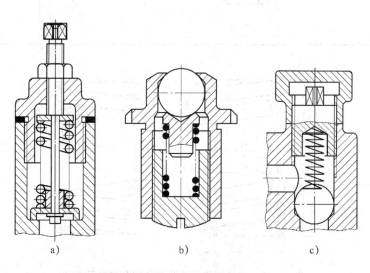

a) b) c)

图 1—43 装配图中弹簧的规定画法

五、密封件

密封总是与泄漏联系在一起的。泄漏可造成浪费和污染，甚至使机械设备发生故障。密封的作用就是将结合面间的间隙封住，隔离或切断泄漏的通道，增加泄漏通道中的阻力，以阻止泄漏。

1．油封的种类和规格

常用旋转密封的种类、特性及应用见表 1—18。

表1—18　　　　　　　　　常用旋转密封的种类、特性及应用

	种类	速度（m/s）	压力（MPa）	温度（℃）	特性及应用
接触型旋转密封	毛毡密封	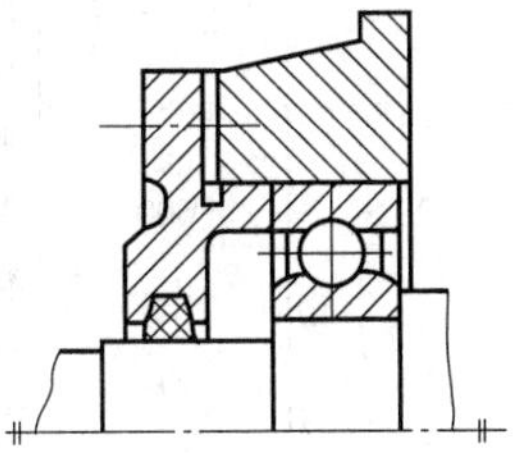 5	0.1	90	结构简单，成本低廉，尺寸紧凑，对偏心与窜动不敏感，适用于脂润滑，当与其他密封组合使用时，也可用于油润滑
	O形橡胶圈密封	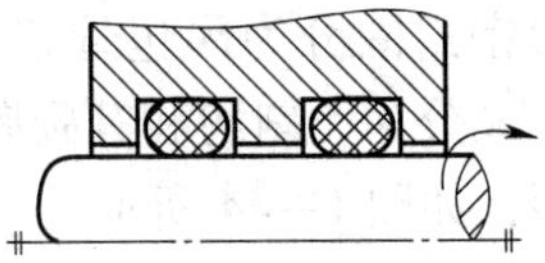 3	35	−60～200	利用安装沟槽使密封圈预压缩而密封，O形圈具有双向的密封能力
	J形橡胶圈密封	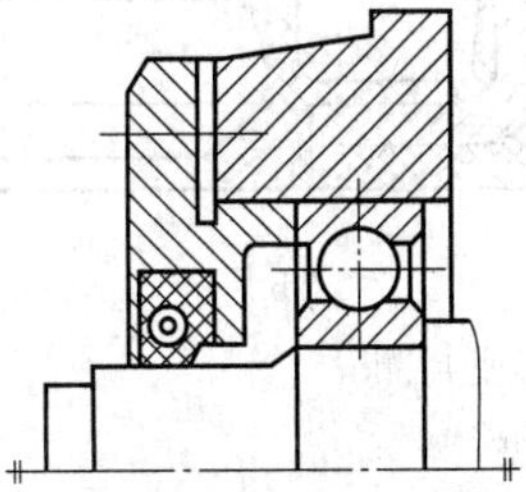 4	0.3	−60～150	唇部密封，接触面宽度很窄（0.03～0.5 mm），回弹力很大。带锁紧弹簧，使唇部对轴有较好的追随补偿性能。因此，能以较小的唇部径向力获得良好的密封效果。结构简单，尺寸紧凑，成本低廉，适用于批量生产
非接触型旋转密封	沟槽密封	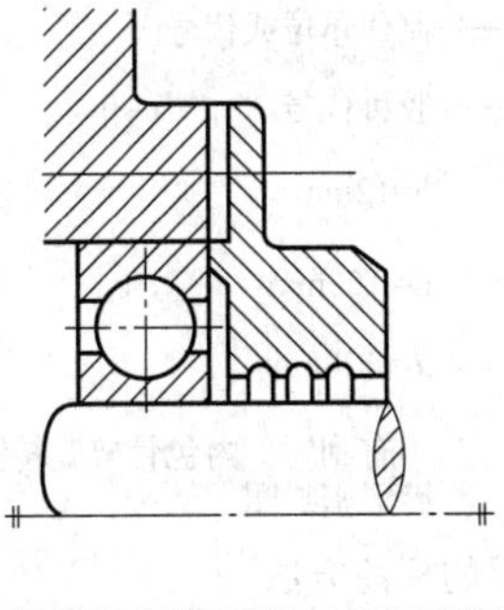 不限	由间隙大小决定	由润滑脂滴点温度决定	适用于润滑脂密封，利用间隙的节流效果产生密封作用，沟槽一般取三个，沟槽内涂满润滑脂

单元
1

续表

种类		速度（m/s）	压力（MPa）	温度（℃）	特性及应用
非接触型旋转密封	迷宫密封 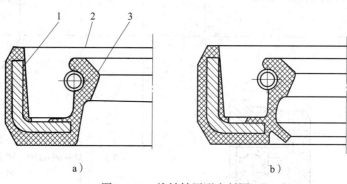	不限	20	600	适用于润滑脂和润滑油，若与其他密封组合使用，则密封效果更好。间隙中充填润滑脂。轴的轴向窜动不应超出迷宫的轴向间隙

（1）旋转轴唇形密封圈

1）型式和代号。按骨架的结构，旋转轴唇形密封圈分为内包骨架（B 型）、外露骨架（W 型）和装配式（Z 型）；根据唇的构造，又分为无副唇和有副唇两种，凡是有副唇的都在型号前加 F，如 FB 型、FW 型和 FZ 型，如图 1—44 所示。

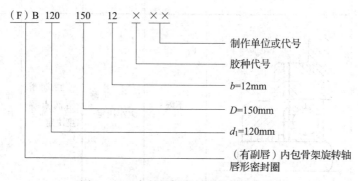

图 1—44　旋转轴唇形密封圈

a）B 型　b）FB 型

1—骨架　2—紧箍弹簧　3—橡胶密封体

2）标注方法。内包骨架密封圈的标注方法如图 1—45 所示。

（F）B 120 150 12 × × ×

制作单位或代号

胶种代号

$b=12mm$

$D=150mm$

$d_1=120mm$

（有副唇）内包骨架旋转轴唇形密封圈

图 1—45　内包骨架密封圈的标注方法

（2）O 形橡胶密封圈

O 形橡胶密封圈是一种压缩性密封件，同时又具有自封能力，所以密封性能很好，用途比较广泛，如图 1—46 所示。

O 形密封圈有旋转环 O 形密封圈（用 M 表示）和静止环 O 形密封圈两类，其尺寸标识代号表示方法如下：

O 形圈 $d_1 \times d_2$—系列代号—等级代号—GB/T 3452.1—2005

（3）其他形式的油封

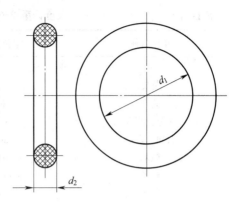

图 1—46　O 形橡胶密封圈

除上述两种油封外，还有毡封油圈、皮封油圈和纸封油圈等密封件，它们的标注方法为 $D \times d \times H$（大径×小径×厚度），单位为 mm。

2．油封的用途

油封是汽车、拖拉机的密封件，用以防止润滑油（脂）、液压油的漏失，并避免灰尘、泥水等污物侵入机器内部。有的部件还用它来保持工作压力及真空度。

3．油封的拆卸装配方法

（1）油封在拆卸时应尽量沿压缩方向变形后取出，避免因撕裂或变形过量而失去密封作用。

（2）安装前应将油封及其配合件清洗干净，并注意装配时的清洁性。

（3）装配自紧油封要注意：

1）方向不得装反，注意保持唇口。

2）油封工作面应涂以润滑脂。

3）弹簧不得跌落，并在槽中紧紧压住皮碗或橡皮唇口。

（4）毛毡油封应可靠地装在油封壳或环槽内，紧密地箍住轴颈，但不应阻碍其灵活旋转。

（5）皮、纸封油圈两面应涂以润滑脂或密封胶。

第三节　计量单位和常用的工具、卡具、量具

一、常用计量单位

1．法定长度计量单位

法定长度计量的基本单位是米，它是指光在真空中于 1/299 792 458 s 时间间隔内所路经的长度，单位符号是 m。

长度计量单位及英制单位的换算见表 1—19。

表 1—19   长度计量单位及英制单位的换算

单位名称	单位符号	用法定单位表示的形式或值
公尺	m	m（米）
公寸	dm	0.1 m
公分，厘米	cm	cm（厘米）
公厘，毫米	mm	mm（毫米）
微米	μm	μm（微米）
丝米	dmm	0.1 mm
忽米	cmm	0.01 mm
千公尺		km（千米）
海里	n mile	1 852 m
英里	mile	1 609.3 m
英寸	in	25.4 mm
英尺	ft	30.48 cm

2. 法定压力计量单位

法定压力计量基本单位是帕斯卡，它是指1N 的力均匀垂直作用于 $1\ m^2$ 的面积上所产生的压力，单位符号是 Pa。压力计量单位及英制单位的换算见表 1—20。

单元
1

表 1—20   压力计量单位及英制单位的换算

单位名称	单位符号	用法定单位表示的形式或值
巴	bar	0.1MPa（兆帕斯卡）
托	Torr	133.322 Pa（帕斯卡）
标准大气压	atm	101 325 Pa
工程大气压	at	98 066.5 Pa
达因每平方厘米	dyn/cm^2	0.1 Pa
毫米水柱	mmH_2O	9.806 61 Pa
毫米汞柱	mmHg	133.322 Pa
磅力每平方英寸	lbf/in^2，psi	6 894.76 Pa
千克力每平方米	kgf/m^2	9.806 65 Pa

3. 法定角度（平面角）计量单位

法定角度（平面角）的计量单位是弧度，它是指圆内两条半径之间的平面角，这两条半径在圆周上所截取的弧长与半径相等，单位符号是 rad。

我国选定的非国际单位制的平面角法定计量单位见表 1—21。

表 1—21   非国际单位制的平面角法定计量单位

量的名称	单位名称	单位符号	换算关系和说明
平面角	秒 分 度	(″) (′) (°)	$1'' = (\pi/648\ 000)$ rad $1' = 60'' = (\pi/10\ 800)$ rad $1° = 60' = (\pi/180)$ rad

二、常用的工具、卡具、量具

1. 钢直尺

钢直尺是钳工常用的低精度简单量具，如图 1—47 所示。它主要用来测量平面的长度和宽度，确定外卡钳所测量的尺寸，以及用它来进行划线工作等。

（1）使用钢直尺时，应以"0"刻线作测量基准。测量矩形工件时，应使尺端面与工件垂直；测量圆柱形工件长度时，钢直尺必须与工件的轴线平行；测量圆的小径或大径时，应使尺端面靠住工件的一边不动，使其另一端摆动，通过圆心以求量取最大尺寸。读尺寸时，应正视钢直尺，取其刻线中央读数。

（2）不可用钢直尺直接测量高温物体的尺寸，不准用其敲打工件。用后将其表面擦拭干净，垂直放置或置于平台上，并保持干燥，以防腐蚀生锈。

2. 钢卷尺

钢卷尺又称盒尺，也是维修作业常用的低精度量具，常用来测量前轮前束、轮距、轴距等。钢卷尺如图 1—48 所示。

（1）使用时，将其端头的直角尺钩拉出挂到待测物体的一个边缘，并用手轻轻按住，沿着被测物体的测量方向将尺拉直，观察与被测物体另一端相对尺带上的刻度值，即为被测量物体的长度。在无法直接测量圆的直径尺寸时，可用其测量周长来求出直径。测量时，尺带不可弯曲和倾斜。

（2）使用时不许硬折，尽量不使刻线面与被测面摩擦。拉尺带时不要用力过猛，用完慢慢退回尺带，拉出或退回尺带时应注意安全。不能用钢卷尺作为划线工具，用后将尺带擦拭干净。

单元 1

图 1—47　钢直尺

图 1—48　钢卷尺

3. 塞尺

塞尺也称厚薄规或塞规，由一束具有各种不同厚度的钢片组成，每个钢片上都标刻出该片的厚度，如图1—49所示。

图1—49　塞尺

（1）使用前，必须先清除塞尺片和工件上的灰尘及油污；使用后，要将每片擦拭干净。

（2）测量机件的间隙（如气门间隙、缸套间隙等）时，以钢片平整插入间隙内，松紧适度为止，不能用力过大，也不允许将钢片猛烈弯曲。

（3）根据零件的尺寸间隙需要，可用一片或数片重叠在一起插入间隙内。

4. 游标卡尺

游标卡尺是具有较高精度的常用量具，如图1—50所示。在修理作业中，可直接测量出零件的小径、大径、宽度、长度及深度尺寸。

图1—50　游标卡尺

（1）测量前松开紧固螺钉，把卡尺擦拭干净，检查卡尺两个测量面和测量刀口是否平直无损，然后合并量爪，检查两结合面是否贴合，并检查主尺和游标的零刻线是否对齐。

（2）测量时，测量外形尺寸应使量爪贴靠到被测零件的表面上；测量小径尺寸应使卡尺量爪的两测量面位于孔的直径位置处；测量内孔深度应使尺身端面紧贴在工件端面，并使尺子尖端贴住内孔底面；测量圆弧形沟槽应使用刀口形量爪测量。读数时，用固定螺钉固定尺框后，再轻轻取出卡尺进行读数。

5. 千分尺

螺旋测微器又称千分尺，是比游标卡尺更精密的测量长度的工具。用它测量长度可以准确到0.01 mm，测量范围为几个厘米。千分尺如图1—51所示。

图1—51　千分尺

（1）测量时，把零件被测表面擦拭干净，放正千分尺，使测量轴线方向与被测零件的尺寸方向一致。

（2）测量时，应使测杆与零件的轴线垂直，要轻轻转动活动套管，在测量面刚要接触到工件时，应改用棘轮装置，直到听到棘轮发出响声为止。

（3）最好直接在零件上读数。如需取下千分尺读数，应用止动器将测量杆锁紧，然后轻轻地从零件上取下。

（4）读数时，先从固定套管上露出的刻线数读出被测尺寸的毫米整数和半毫米数，再从微分筒上由固定套管纵刻线所对准的刻线读出被测尺寸的小数（百分之几毫米）；不足一格的数，即千分之几毫米，由估计确定。

（5）千分尺使用完毕，应用清洁的棉纱擦拭干净，涂上防锈油，放入盒内保管。

（6）要定期进行检查和校正，以保持测量精度。

6. 内径百分表

内径百分表即量缸表，主要用来测量发动机缸套的圆度、圆柱度误差和磨损情况等。内径百分表如图1—52所示。

（1）使用前，应根据气缸直径，选择合适的接杆旋入表的下端。

（2）测量前，要用千分尺校对量缸表所量气缸的标准尺寸，并适当留出测杆的伸缩量，一般使测杆被压缩为整毫米数，旋转表盘，使零位对正大指针，并记住小指针指示的毫米数。

（3）测量时，手握在隔热手柄上，使活动测头压缩，将量具伸入被测孔内，然后前后或左右稍稍摆动量缸表使表针摆动出现最小数字。

（4）测量时，如果指针正好指在零处，说明被测缸值与标准尺寸的缸径相等；当表针顺时针方向离开零位，表示缸径小于标准尺寸；当表针逆时针方向离开零位时，表示缸径大于标准尺寸。

（5）测量时，不得使测杆的行程超出量缸表的测量范围，不得使测头突然撞到零件上。

（6）使用完毕，应将量缸表擦拭干净，涂上防锈油，放入盒内保管。

（7）要定期进行检测和校正，以保持测量精度。

图1—52　内径百分表

单元
1

第四节　钳工基础知识

一、划线

划线是根据图样的尺寸要求，用划针工具在毛坯或半成品上划出待加工部位的轮廓线（或称加工界限）或作为基准的点、线的一种操作方法。划线的精度一般为0.25~0.5 mm。

1. 划线的作用

（1）所划的轮廓线即为毛坯或半成品的加工界限和依据，所划的基准点或线是工件安装时的标记或校正线。

（2）在单件或小批量生产中，用划线来检查毛坯或半成品的形状和尺寸，合理分配各加工表面余量，及早发现不合格产品，避免造成后续加工工时的浪费。

（3）在板料上划线下料，可做到正确排料，使材料合理使用。

划线是一项复杂、细致的重要工作，如果将划线划错，就会造成加工工件的报废，所以划线直接关系到产品的质量。

对划线的要求是：尺寸准确、位置正确、线条清晰、冲眼均匀。

2. 划线的种类

（1）平面划线

在工件的一个平面上划线后即能明确表示加工界限，方法与平面作图法类似。

（2）立体划线

平面划线的复合，是在工件的几个相互成不同角度的表面（通常是相互垂直的表面）上都划线，即在长、宽、高三个方向上划线。

3. 划线工具

按用途不同划线工具分为基准工具、支承装夹工具、直接绘划工具和量具等。

（1）基准工具

划线平板是最常用的基准工具。划线平板由铸铁制成，基于平面是划线的基准，要求非常平直和光洁。划线平板在使用时要注意：

1）安放时要平稳牢固，上平面应保持水平。

2）平板不准碰撞和用锤敲击，以免使其精度降低。

3）长期不用时，应涂油防锈，并加盖保护罩。

（2）夹持工具

夹持工具包括方箱、千斤顶、V形铁等。

1）方箱。方箱（见图1—53a）是铸铁制成的空心立方体，各相邻的两个面均互相垂直。方箱用于夹持、支承尺寸较小而加工面较多的工件。通过翻转方箱，便可在工件的表面上划出互相垂直的线条。

2）千斤顶。千斤顶（见图1—53b）在平板上支承较大及不规则工件时使用，其高度可以调整。通常用三个千斤顶支承工件。

3）V形铁。V形铁（见图1—53c）用于支承圆柱形工件，使工件轴线与底板平行。

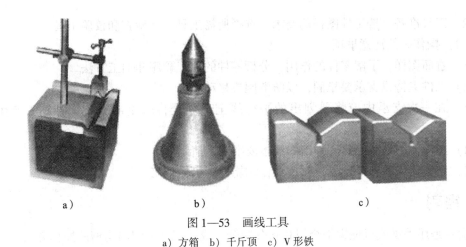

图 1—53　画线工具

a) 方箱　b) 千斤顶　c) V 形铁

（3）直接绘画工具

直接绘画工具主要包括划针、划规、划卡、划针盘和样冲等。

1）划针。在工件表面划线用的工具，常用的划针用工具钢或弹簧钢制成（有的划针在其尖端部位焊有硬质合金），直径为 3~6 mm。

2）划规。用于划圆或弧线、等分线段及量取尺寸等，用法与制图的圆规相似。

3）划卡。或称单脚划规，主要用于确定轴和孔的中心位置。

4）划针盘。它由底座、立杆、划针和锁紧装置等组成，主要用于立体划线和校正工件的位置。

5）样冲。用于在工件划线点上打出样冲眼，以备所划线模糊后仍能找到原划线的位置。在划圆和钻孔前应在其中心打样冲眼，以便定心。

（4）量具

量具主要包括钢尺、直角尺、高度尺（普通高度尺和高度游标尺）等。高度游标尺除用来测量工件的高度外，还可用来作半成品划线用。其读数精度一般为 0.02 mm。它只能用于半成品划线，不允许用于毛坯。

4. 划线基准

用划线盘划各种水平线时，应选定某一基准作为依据，并以此来调节每次划针的高度，这个基准称为划线基准。

一般划线基准与设计基准应一致。常选用重要孔的中心线或零件上尺寸标注基准线为划线基准。若工件上个别平面已加工过，则以加工过的平面为划线基准。常见的划线基准有以下三种类型：

（1）以两个相互垂直的平面（或线）为基准。

（2）以一个平面与对称平面（和线）为基准。

（3）以两个互相垂直的中心平面（或线）为基准。

5. 划线操作要点

（1）划线前的准备工作

1）工件准备。包括工件的清理、检查和表面涂色。

2）工具准备。按工件图样的要求，选择所需工具，并检查和校验工具。

（2）操作时的注意事项

1）看懂图样，了解零件的作用，分析零件的加工顺序和加工方法。

2）工件夹持或支承要稳固，以防滑倒或移动。

3）在一次支承中应将要划出的平行线全部划全，以免再次支承补划，产生误差。

4）正确使用划线工具，划出的线条要准确、清晰。

5）划线完成后，要反复核对尺寸，才能进行机械加工。

二、锯割

锯割是用手锯或机械锯把金属材料分割开，或在工件上锯出沟槽的操作方法。锯割工具及装置如图1—54所示。

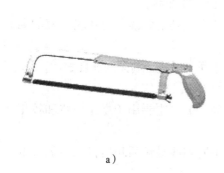

a）

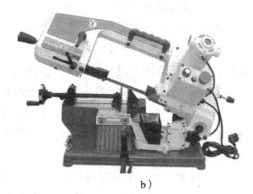

b）

图1—54 锯割工具及装置

a）手锯 b）机械锯

1. 手锯

锯削工具主要是手锯，它由锯弓和锯条组成。锯条有细齿、中齿和粗齿之分。

2. 基本操作方法

（1）姿势

进行锯削时，身体的重心放在左脚上，右膝伸直，左膝稍弯，身体略向前倾，脚始终站稳不动。握锯弓要舒展自然，右手握稳锯柄，左手轻扶在锯弓前端。运锯时握手柄的右手施力，左手压力不要过大，主要是协助右手扶住锯弓。

（2）起锯

用左手拇指靠住锯条，使锯能正确地锯在所需的位置。锯削时，行程要短，压力要轻，速度要慢。

三、锉削

锉削是用锉刀从工件表面锉掉多余的金属，使其达到要求的尺寸、形状和表面粗糙度的操作方法。

1. 锉刀

锉刀有钳工锉、特种锉和整形锉（组锉）。钳工锉按其断面形状有平板锉、方锉、三角锉、半圆锉和圆锉；按锉刀齿纹的粗细，有粗齿锉、中齿锉和细齿锉。另外，锉纹有单齿纹和双齿纹之分。

2. 基本操作方法

（1）姿势

两足前后离开一步，身体的侧面与锉刀摆放的方向垂直。右臂约弯成90°，右手握住锉柄（拇指压在锉的上端），左臂平伸，左手握住锉尖。在锉削用力的时候，左手仅用拇指压在刀面上，其余四指曲握在锉尖下端。轻微锉削时，左手仅用食指与拇指轻握，使用小锉刀只需用右手握持即可。

（2）基本锉削方法

基本锉削方法有普通锉削法、交叉锉削法、顺向锉法和推锉法。

四、錾削

錾削是用锤子敲击錾子从金属表面錾掉一层金属，或者切断板料的操作方法。

1. 工具

錾削工具主要是锤子和錾子。錾子有扁錾、窄錾和油槽錾。

2. 基本操作方法

（1）錾子的握法

用左手的中指、无名指及小手指握持，大拇指与食指自然地接触着，錾子尾端露出20 mm左右。

（2）锤子的握法

右手握住锤柄，拇指压在食指上，虎口对准锤头，锤柄尾部露出 15～30 mm。

（3）挥锤法

挥锤法有手挥、肘挥和臂挥三种。手挥只有手腕运动，锤击力较小；肘挥是手和肘一起动作，锤击力较大；臂挥是手、肘和臂一起运动，锤击力最大。

五、钻孔

钻孔是用钻头在实心材料上加工出孔的操作方法。

1. 工具

钻孔工具主要有钻床、手电钻和钻头，如图1—55所示。

2. 基本操作方法

（1）钻孔前要先在工件上划好线，冲好中心眼。

（2）较小的工件可用台虎钳夹紧，大的工件用螺栓、压板装夹。

（3）装夹时，应使工件表面与钻头垂直。

（4）根据需钻孔径的大小选择钻头。

（5）当孔径小于30 mm时，可一次钻出；当孔径大于30 mm时，应先钻一小孔后再扩孔到要求的直径。

单元
1

a）   b）   c）

图 1—55　钻孔工具

a）钻床　b）手电钻　c）钻头

六、攻（套）螺纹

1. 攻螺纹

攻螺纹是用丝锥在工件圆孔内表面上切制出螺纹的操作方法。

（1）工具

攻螺纹的工具主要有丝锥和铰杆。

（2）基本操作方法

1）按所要攻制的螺纹规格，计算出底孔直径。

2）根据底孔直径选择钻头钻出底孔，并对底孔进行倒角。

3）攻螺纹时，丝锥必须与工件垂直。

2. 套螺纹

套螺纹是用板牙在圆杆或管子上切制出螺纹的操作方法。

（1）工具

套螺纹的工具主要有板牙和板牙架。

（2）基本操作方法

1）套螺纹圆杆直径的确定。圆杆直径一般比螺纹外径小 0.2 ~ 0.4 mm 即可。

2）将套螺纹圆杆端部倒角 15° ~ 40°。

3）套螺纹时，圆杆要与板牙垂直。

七、铆接

铆接是用铆钉连接两个或两个以上板件的操作方法。

1. 工具

铆接工具主要有锤子、压紧冲头、罩模和顶模等。

2. 铆接方法

冷铆：铆钉直径在 8 mm 以下的一般用冷铆，如离合器摩擦片、制动片等。

热铆：铆钉直径在8 mm以上的采用热铆，如车架、圆锥被动齿轮等。

（1）半圆头铆钉的铆接工艺

将铆件钻好孔→孔口倒角→铆钉穿入孔→用压紧冲头压紧板料→镦粗铆钉伸出部分→初成形并用罩模修整好铆合头。

（2）空心铆钉的铆接工艺

将铆件钻好孔→用手虎钳夹紧→向孔内穿入铆钉→用样铳将空心铆钉伸出的部分铳开→用特制铳头把铳开的部分贴平即可。

第五节 焊接基本技术

一、手工电弧焊

1．手工电弧焊的焊接过程

手工电弧焊是用手工操纵焊条进行焊接的一种电弧焊方法，其过程如图1—56所示。焊接前，把焊钳和焊件分别接到电焊机输出端的两极，并用焊钳夹持焊条。焊接时，在焊条与焊件间引燃电弧，电弧的热量同时将焊条和焊件熔化成熔池。随着焊条沿焊接方向移动，新的熔池陆续形成，原先熔池的金属不断冷却凝固构成了焊缝，使两焊件连接在一起。

2．手工电弧焊的设备与工具

（1）电焊机

1）交流电焊机。交流电焊机实际上是一种特殊的降压变压器。交流电焊机有多种结构，BX1—330型交流电焊机是最常用的一种，它的电流调节有粗调和细调两种：粗调是通过改变接线柱上的接线位置来实现；细调是靠转动调节手柄来实现。焊机的空载电压为60～70 V，工作电压为30 V，电流调节范围为50～450 A。手工电弧焊的焊接过程如图1—56所示。

单元
1

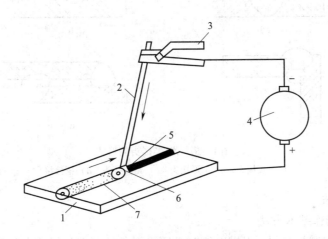

图1—56　手工电弧焊的焊接过程

1—焊件　2—焊条　3—焊钳　4—电焊机　5—焊接电弧　6—熔池　7—焊缝

2）直流电焊机。直流电焊机有旋转式和整流式两种。

①旋转式直流电焊机。它由一台交流电动机和一台直流发电机组成，由电动机带动发电机而产生焊接电流。AX - 320 型直流电焊机是常用的一种，该电焊机的空载电压为 50 ~ 80 V，工作电压为 30 V，焊接电流调节范围为 45 ~ 320 A。

②整流式直流电焊机。它的结构相当于在交流电焊机上加装整流器，把交流电整流而变成直流电。它与旋转式直流电焊机相比，具有噪声小，空载耗电少，成本低，制造和维修容易等优点。

（2）辅助设备及工具

辅助设备及工具主要有焊钳、焊接电缆、面罩、钢丝刷、敲渣锤、扁錾和焊条筒等。焊钳用来夹持焊条和传导电流，焊接电缆用以传导焊接电流，面罩用来遮挡飞溅的金属屑和弧光。

3．电焊条

焊条由焊芯和药皮两部分组成。焊芯既是电极又是填充金属。药皮是由各种不同的矿石粉、铁合金和有机物按一定比例配制，压涂在焊芯表面。在焊接过程中，药皮有机械保护、冶金处理和改善焊接工艺性能的作用。按化学成分，焊条可分为碳钢焊条、低合金焊条、不锈钢焊条及铝合金焊条；按熔渣性质，焊条可分为酸性焊条和碱性焊条。

4．焊接接头形式

由于焊接的结构形状、厚度和使用条件不同，手工电弧焊常用的接头基本形式有对接接头、T 形接头、角接接头、搭接接头，如图 1—57 所示。在焊接厚度大于 6 mm 的钢板时，要在钢板的焊接处开坡口。

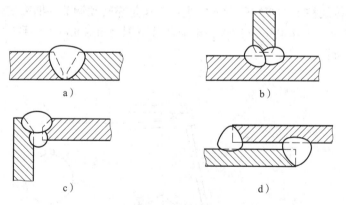

图 1—57　焊接接头的形式
a）对接接头　b）T 形接头　c）角接接头　d）搭接接头

5．焊接方法

（1）焊接操作基本方法

1）电弧的引燃与控制。引燃电弧时必须将焊条的末端与焊件表面先接触形成短路，然后迅速将焊条向上提起 2 ~ 4 mm，电弧即可引燃，并使弧长保持在稳定燃烧的范围内。

2）运条。焊接过程中，焊条要向下送进、沿焊接方向移动和横向摆动，这三种运动必须密切配合。运条方法有直线法、环形法、三角形法等，操作者可根据焊缝的空间位置和接头形式，适当选用。

3）收弧。收弧方法有划弧收弧法、反复断弧收弧法和后移收弧法。收弧时一定要填满弧坑。

（2）焊接工艺规范的选择

焊接工艺规范的选择主要指焊条直径、焊接电流、焊接速度和电弧长度等的选择，通常焊接速度和电弧长度由操作人员根据实际情况确定。

1）焊条直径。焊条直径的大小取决于焊件厚度。当焊件厚度在 4 mm 以上时，焊条直径一般取 3.2 ~ 6 mm。在立焊和仰焊时，为防止熔池过大和铁水下流，焊条直径一般不超过 4 mm。

2）焊接电流。焊接电流的大小主要取决于焊条直径，焊条直径越大，则焊接电流也相应增大。例如，焊条直径为 3.2 mm 时，焊接电流可取 90 ~ 130 A；焊条直径为 4 mm 时，焊接电流可取 160 ~ 210 A。

二、气焊

1. 气焊的特点

气焊是利用可燃气体燃烧时产生的热量，将焊件与焊丝熔化而形成焊缝的焊接方法。其优点是：加热过程比较平稳、缓慢；温度容易控制；气焊火焰容易调节，便于焊前预热，焊后继续加热和控制冷却速度。缺点是：焊缝接头强度低，焊件容易变形。

2. 气焊用的气体和设备

（1）氧气和氧气瓶

氧气是一种无色、无味的气体，本身不能燃烧，但能助燃。氧气瓶是储存高压氧气的圆柱形钢瓶，上部有氧气瓶阀，外表漆成天蓝色作为标志。氧气瓶的最高压力为 15 MPa。

（2）乙炔和乙炔瓶

乙炔是无色的可燃气体，工业用乙炔因混有硫化氢、磷化氢等杂质，具有刺鼻的臭味。乙炔瓶是一种储存和运输乙炔用的容器，其形状和构造与氧气瓶相似，其外表涂成白色用红漆标注"乙炔"两字，瓶口安装乙炔气阀。乙炔瓶的最高压力为 1.5 MPa。

（3）减压器

减压器的作用是降低氧气瓶输出的氧气压力，使其达到焊接时所需的工作压力，并保证在工作过程中压力不变。

（4）焊炬（枪）

焊炬是气焊的主要工具，有时也用作气体火焰钎焊和火焰加热。目前射吸式焊炬应用最广泛，其构造如图 1—58 所示。

单元
1

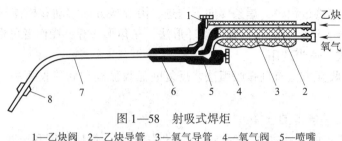

图1—58 射吸式焊炬

1—乙炔阀 2—乙炔导管 3—氧气导管 4—氧气阀 5—喷嘴

6—射吸管 7—混合气管 8—焊嘴

3．气焊操作基本方法

（1）火焰的点燃与控制。点燃火焰时，先打开氧气阀，放出微量的氧气，再拧开乙炔阀放出少量的乙炔，将焊嘴接近火源，点燃混合气体。然后根据焊接的需要，调节气体的比例，获得所需要的火焰。

（2）火焰点燃调整好后，开始进入正常的焊接过程，右手持焊炬，左手拿焊丝，然后移动焊丝进行焊接。根据焊炬移动方向不同，可分为左向焊和右向焊。

1）左向焊。焊炬由左向右移动，焊丝在焊炬前面。适用于焊接薄的钢板和有色金属，是最常见的气焊操作方法。

2）右向焊。焊炬由左向右移动，焊丝在焊炬后面，适用于焊接较厚的焊件。

（3）焊接结束或中途停焊时，应先关闭乙炔阀，后关闭氧气阀。

三、气割

1．气割原理

气割是利用可燃气体火焰（如氧—乙炔、氧—液化石油气等）将被切割的金属预热到燃点，然后通以高压氧气流，使金属燃烧（剧烈氧化），形成熔渣和放出大量的热，并借助高压氧的吹力将燃烧产生的熔渣吹掉，从而形成切口。

一般来说，气割只适用于切割低、中碳钢，高碳钢气割质量难以保证。铸铁、铜、铝不能气割。

2．割炬（枪）

割炬是使可燃气体与氧气按一定比例混合，形成具有一定热能和形状的预热火焰，并能在火焰的中心喷射切割氧气流，以进行气割。割炬和割嘴的型号可根据工件材料和厚度选择。如图1—59所示为常用的射吸式割炬。

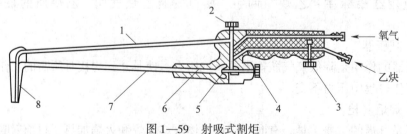

图1—59 射吸式割炬

1—切割氧气管 2—切割氧气阀 3—乙炔阀 4—预热氧气阀

5—喷嘴 6—射吸管 7—混合气管 8—割嘴

3. 气割操作基本方法

（1）气割前，先将被切割工件垫起，使工件下面留出一定空间并使其畅通，保证切口的熔渣能向下顺利排出。

（2）工件表面的油污和铁锈应清理干净。

（3）点燃预热火焰，并调整到中性焰。

（4）将割嘴对准工件边缘进行加热至燃点，并慢慢开启切割氧气阀。

（5）气割结束应先关闭切割氧气阀，再关乙炔调节阀，最后关氧气调节阀。

四、焊接安全注意事项

1. 应预防触电事故。

2. 焊工应按规定使用劳保用品。

3. 严禁在易燃、易爆品处焊接（应距 5 m 以外）。

4. 严禁在有压力的容器上焊接。焊油桶或油箱等必须先将油放净，并用碱水清洗干净；在容器中焊接需配备良好的通风装置；在超过 3 m 以上的高空作业，要系好安全带。

5. 氧气在压缩状态（由氧气瓶里放出来的）与油脂等易燃物接触时，能强烈地燃烧甚至引起爆炸，所以在使用中，瓶嘴、氧气表、氧气管、焊炬及割炬等切不可被油脂沾污。

6. 氧气瓶有爆炸危险，搬运时禁止撞击和避免剧烈振动。氧气瓶距离工作点或其他火源应在 10 m 以上。夏天要防止暴晒；冬天在阀门冻结时，严禁用火烤，应当用热水解冻。氧气瓶中的氧气不允许全部用完，应至少留 0.1 ~ 0.2 MPa 的剩气，以防瓶内混入其他气体而引起爆炸。

7. 乙炔是易燃气体，凡是用来储存乙炔的容器或直接与之接触的器材，除焊炬和割炬外，都不允许用银或含铜 70% 以上的铜合金制造。在气路系统中，除了焊炬和割炬的混合室内允许乙炔和氧气混合流出燃烧外，其他地方不允许混合。乙炔燃烧时绝对禁止用四氯化碳灭火剂灭火（会促进燃烧和引起爆炸）。

8. 乙炔瓶在使用、运输中除了必须遵守氧气瓶的使用要求外，还应严格注意以下几点：

（1）乙炔瓶在工作时应直立放置。

（2）乙炔瓶表面的温度不得超过 30 ~ 40℃。

（3）乙炔瓶减压器与瓶阀的连接必须可靠，严禁在漏气情况下使用。

（4）乙炔瓶内的乙炔气不能全部用完，最少应剩下 98 kPa 的乙炔气，并将瓶阀关严，防止漏气。

第六节　胶接基本知识

一、胶接的概念

　　胶接是采用胶黏剂（简称胶）把各种材料连接起来的一种工艺，胶接与铆接，焊接及螺栓连接等工艺同样广泛地应用于工业的各个部门。尽管使用胶黏剂连接金属只有30多年的历史，但近年来，随着高分子化学工业的发展，研制成功了一系列新型的、性能优良的胶黏剂，使胶接技术更是受到工业各部门的重视。在拖拉机修理中，应用胶黏剂对损坏与磨损的零件进行修补或尺寸恢复。

二、胶接的特点及其主要应用范围

1. 优点

　　胶接接头质量轻，节省金属；能胶接各种材料、尺寸和形状的零件；胶接温度不高，不会有变形和应力集中现象；耐水、耐油、耐腐蚀性能好；具有良好的密封和绝缘性能；设备简单，工艺简便，成本低。

2. 缺点

　　抗冲击、弯曲、剥离的强度不高；有的胶黏剂不耐高温；耐老化性能差，影响长期使用；某些胶黏剂有毒；缺乏有效的非破坏性的质量检查方法。

3. 应用范围

　　在拖拉机、汽车修理中，胶接主要用来修复各种零件的裂纹和孔洞，堵塞三漏（漏油、漏气和漏水）；也可用来代替铆接或提高零件的绝缘性能和耐腐蚀性能。

三、常用胶黏剂

　　胶黏剂按其主要成分的化学性质，可分为有机胶黏剂和无机胶黏剂两大类。

1. 有机胶黏剂

　　有机胶黏剂是以合成高分子有机化合物为主要成分而制成的。常用的合成高分子化合物有环氧树脂、酚醛树脂等。环氧树脂胶黏剂具有黏附力强，固化收缩小，能耐化学溶剂和油类侵蚀，电绝缘性好，使用方便，只需加接触压力在室温或不太高的温度下就能固化等优点；其缺点是耐热性及韧性差。

2. 无机胶黏剂

　　在拖拉机、汽车修理中，目前常用的无机胶黏剂，是由氧化铜和磷酸铝为主要成分配制而成的。这种胶黏剂具有操作简单，可室温固化，黏附性能较强和耐高温等优点；缺点是胶接接头脆，耐冲击能力和耐酸碱能力差。无机胶黏剂主要用于承受冲击载荷不大、工作温度较高的零件的胶接。

四、胶接的基本原理

　　利用胶黏剂把被胶接的材料胶接起来，是由于两者之间发生了机械、物理或化学的

単元 **1**

作用。要使胶接牢固，胶接部分的胶层必须有足够的内聚强度，胶层与被胶接物表面要有足够的黏附强度，这样才不会产生内聚破坏、黏附破坏和混合破坏（见图1—60）。

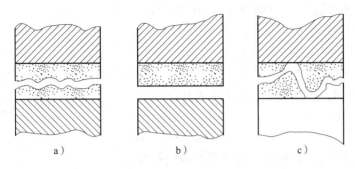

图1—60　胶接的破坏形式
a）内聚破坏　b）黏附破坏　c）混合破坏

内聚破坏是胶层内破坏，这与胶黏剂本身的性能有关。胶黏剂主体材料的类型、分子量、交联密度和组分用量不同，胶层抵抗内聚破坏的能力就不同。此外，合理的胶接工艺，可避免胶层出现缺陷，以保证胶层的内聚强度。

黏附破坏是由于胶黏剂与被胶接材料之间的黏附强度不高，使胶层与被胶接材料分离而造成的破坏。影响黏附强度的因素较复杂，不仅与胶黏剂及被胶接材料本身的性质有关，且与两者界面间的相互作用力有关。

混合破坏是既有内聚破坏又有黏附破坏的综合破坏现象。

目前国内外对胶接理论，即对产生黏附强度机理的研究，尚无一致和肯定的结论，因此提出了多种理论试图解释胶接的现象和本质，主要有如下几种理论。

1. 机械黏附理论

机械黏附理论主要是从物理条件方面考虑，认为胶接的现象是由于胶黏剂渗入被胶接材料表面不平部分、微小凹陷和孔隙中，当胶黏剂固化后，被"镶嵌"在内，起到机械固定的作用，从而使两者胶接起来。

2. 吸附理论

吸附理论认为，胶接主要是胶黏剂和被胶接物分子间力的相互作用，形成一种很牢固的黏合键。因此，胶接实质是一种类似吸附的纯表面现象。

胶接时，黏合键形成的过程可分两个阶段。

第一阶段：胶黏剂中的高聚物大分子，由于布朗运动迁移至被胶接物的表面，使胶黏剂中大分子的极性基团向被胶接物中的极性基团靠近。若在无溶剂的情况下，大分子的极性基团仅能局部地靠近被胶接物表面。当加热并施以压力时胶黏剂的黏度降低，这时甚至整个键分子也能与被胶接物表面靠得很近。

第二阶段：当胶黏剂与被胶接物间距离小于5Å时，分子间便产生作用力。因此胶接是两种物质分子紧密接触引起分子间相互作用的结果。

为达到紧密接触，液态的（或在胶接过程中呈液态）胶黏剂必须能湿润被胶接物表面。

若某一胶黏剂（极性液体）滴在平滑、干净的被胶接物表面，胶接剂就会均匀地

单元
1

舒展。不久，胶黏剂的边缘与被胶接物表面形成一个相对稳定的接触角 θ（见图1—61）。此时各界面的张力则处于平衡状态。如 $\theta < 90°$ 则该胶黏剂对被粘物是可浸润的，当 $\theta > 90°$ 时为不可浸润。θ 的大小与表面张力有关。从图1—61可见，当三个界面的张力达到平衡时，作用在 θ 点上的表面张力能相互抵消，即

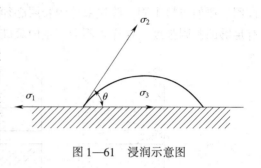

图1—61　浸润示意图

$$\sigma_1 = \sigma_3 + \sigma_2 \cos\theta$$

式中　σ_1——固体（被胶接物）与空气的表面张力；

σ_2——液体（胶黏剂）与空气的表面张力；

σ_3——固体与液体间的表面张力。

常用的环氧树脂、酚醛树脂类胶黏剂，它们的分子中含有很多极性分子基团，未固化前是分子量较小的线型结构分子，容易流动，因此能很好地浸润极性大的金属、陶瓷、木材等表面，而形成良好的接触。在固化后，由于形成了网状结构的大分子，且又存在大量的强极性基团，不仅本身具有很大的内聚力，且能与极性材料间产生很大的黏附力，所以这些胶黏剂具有良好的黏附强度。

用吸附理论解释胶接的机理目前较为普遍，但仍有一些现象无法解释，如与某些非极性高聚物（如聚异丁烯、天然橡胶等）之间具有很强的黏附作用的现象，尚无法用吸附理论来解释。

3. 扩散理论

扩散理论认为，胶接是由于高分子化合物的大分子具有柔顺性，在分子热运动的影响下，大分子及其基团进行互相扩散，使胶黏剂与被胶接物的界面间产生了强烈的"交织"现象而黏合起来。当胶黏剂与被胶接物具有共同的溶剂时，扩散作用更为显著，胶接更为容易，胶接强度更高。

高聚物间胶接性能的好坏，是与其互溶性密切相关的。极性相近的，互溶性好。所以，两种高聚物的极性相近，即两者都是极性或都是非极性的，它们的胶接就牢固，黏附力强。

对于结晶度高的高分子材料，如聚四氟乙烯、尼龙等，由于其结构致密而不易扩散，所以不易胶接。

从上述原理可知，在用胶黏剂胶接金属、玻璃等材料时，就不能完全用扩散理论来解释胶接的现象。

4. 化学键理论

化学键理论认为，在某些胶接接头上，由于胶黏剂分子与被胶接材料表面的某些基团之间起化学作用，形成化学键。这种化学键的结合是非常牢固的，如环氧、酚醛等树脂与金属铝表面胶接时，就有化学键的形成。此外，在某些胶黏剂的组分中加入少量的偶联剂，使胶接强度显著提高，这是由于通过偶联剂与金属表面的氧化膜形成化学键而牢固结合。

5. 静电理论

静电理论认为，在某些情况下，胶黏剂与被胶接件接触时，大分子的极性基团作用在界面间形成了双电层。由于静电的作用，出现了起源于电而作用在分子、原子或离子之间的引力，从而使两者黏合起来。由此看来，静电作用的实质也和吸附理论一样，是由于分子间力而引起的。但是，应用这种理论仍难以解释绝缘材料和加入了炭黑或金属银粉的导电胶均具有很高的胶接强度的现象。

上述几种理论都只能从某一个方面来解释胶接的实质，而都不能全面地解释胶黏剂与被胶接件产生黏附力的全部原因。事实上，胶黏剂与被胶接件牢固地黏合，往往是上述各种理论提到的因素综合的结果。目前还不能通过实验的方法，对各种因素进行具体数值的确定。

实际上，不同的胶黏剂、不同的胶接对象或不同的工艺方法，各个因素对黏附力的作用也不一样。例如，多孔材料（铸块、木材、陶瓷、混凝土等）胶接时，机械作用是主要的。对某些高分子材料的胶接（如含溶剂的胶黏剂胶接塑料），则分子间扩散作用起重要的作用。采用硅烷偶联剂时，环氧与金属之间形成化学键的作用则更为显著。

在选用胶黏剂时必须考虑所应用的胶黏剂除本身要有高的内聚强度外，胶黏剂与被粘物还要有高的黏附强度，这样才能获得具有高强度的胶接结构。

例如，应用环氧胶黏剂时，环氧树脂含多种极性基团，黏附强度高，但环氧树脂本身的内聚强度较低，且脆性大。为此，必须要提高环氧树脂的内聚强度，才能满足胶接强度的要求。这就要从选用固化剂方面来考虑。如在 I—11 胶中用 200 号或 300 号聚酰胺作固化剂，不但能提高黏附强度，而且能对环氧树脂有增韧作用，使之能有一定的耐冲击性能。J–19 胶中加入聚酰胺工程塑料，不但能增强环氧树脂的内聚强度，而且由于聚酰胺的氨基的极性很强，所以同时还可以提高环氧树脂的黏附强度，使之成为一种高强度的结构胶黏剂。常用的酚醛树脂，胶接强度也不高，所以在 J—04 胶中加入丁腈橡胶—40，由于催化剂的作用使树脂起硫化橡胶的作用，从而使两者有机混合，可以获得较高的胶接强度。

单元

1

五、胶接工艺

使用胶黏剂修复零件的一般工艺过程包括：初清洗→确定胶接方案→胶接接头的机械加工→胶接表面的清洗与处理→胶黏剂的调配→涂胶、黏合与固化→修整与检验。

1. 初清洗

通常用汽油或柴油进行初清洗，其目的是将零件表面的油污、积尘、漆皮及锈蚀等附着物除去。然后，全面检查损坏部位，以确定胶接方案。

2. 确定胶接方案

根据零件的损坏程度，分析损坏部位的工作条件（受力大小、工作温度、接触介质等），确定最佳胶接方案。胶接方案包括：选择胶种或配方，确定具体的胶修方法，设计合理的胶接接头形式和选用表面处理方法等。

3. 胶接接头的机械加工

对于一般的胶接接头，要进行表面加工，即通过刮削、锉削或砂布打磨、砂轮打磨，使其被粘接表面露出金属光泽，并具有一定的粗糙度。对裂纹部位的胶接要开坡口及钻止裂孔，对破孔部位要进行修整等。

4. 胶接表面的清洗与处理

胶接接头加工以后，需对胶接表面进行仔细的清洁工作。对于经常储油的铸铁件，需要加温除油，除净油垢，涂胶前用丙酮清洗干净；对于要求胶接强度高的重要零件，要进行化学除油和表面化学处理。表面处理后的部位，不要用手沾摸，要防止灰尘沾污。处理后要及时涂胶粘接，如存放时间较长，涂胶前需要再用丙酮清洗。

5. 胶黏剂的调配

多组分的成品胶使用方便、可靠，只需按规定的组分比例和使用要求调和均匀，即可使用。当需要配制满足特殊性能要求的胶黏剂，或在缺少成品胶的情况下，可以自行配制胶黏剂。在选定的配方中，各种材料的配比一定要准确，要按照一定的顺序逐步混合。

6. 涂胶、黏合和固化

（1）涂胶

根据胶黏剂的状态（溶液状、糊状等）、粘接表面和粘接部位等具体情况，可采用涂抹、刷抹、喷涂、浸涂、灌注等不同的涂胶方法。当被粘接表面有一定温度要求时，涂胶前应按要求预热，以保证胶黏剂浸润全面和渗入裂纹内部。涂胶要均匀，避免出现气泡，从而影响胶层强度。一般胶层厚度以 0.05～0.15 mm 为宜。

（2）黏合

一般对于不含溶剂的胶黏剂（如农机Ⅰ号、Ⅱ号），涂胶后应迅速黏合；对于含有溶剂或加入溶剂稀释后的胶黏剂，涂胶后需晾置一定时间，再进行黏合。

（3）固化

固化是胶接工艺中十分重要的环节，应严格按胶黏剂所要求的固化条件（一定的压力、温度和时间）进行固化。采用常温固化工艺，一般稍施一定的压力，有利于提高胶接强度。

7. 检验与修整

胶层表面应光滑，边缘无翘曲剥离迹象，无气孔，而且固化完全。对于机体、缸盖、油管等重要密封件，应进行水压、气压或油压试验，以经历 3～5 min 不渗漏为合格。对于恢复尺寸的胶接面应进行测量，看其是否达到所要求的尺寸。对胶接层可以采用机械加工或钳工加工的方法进行修整，以保证零件的尺寸和形状要求。

第七节　农业机械常用的金属和非金属材料

一、常用金属材料

金属材料可分为黑色金属和有色金属两大类，黑色金属是指铁和钢，黑色金属以外的所有金属统称为有色金属。

1. 铸铁

铸铁即含碳量在2%以上的铁碳合金，可分为白口铸铁、灰铸铁、球墨铸铁和可锻铸铁。

（1）白口铸铁

白口铸铁硬而脆，难以切削加工，有良好的耐磨性。可用于制造承受强烈挤压和磨损的零件，如犁铧、犁壁、轧辊等耐磨件。

（2）灰铸铁

灰铸铁熔点低，铸造性能好；硬度低，易于切削加工；有较好的减振性和耐磨性。一般用于制造机架、床身等，如发动机气缸体、缸盖、变速箱和飞轮等都由灰铸铁制造。

（3）球墨铸铁

球墨铸铁具有良好的耐磨性、减振性和切削加工性能以及较高的强度。其机械性能接近于钢，适用于制造承受磨损、高应力和冲击载荷的较重要的零件，如发动机的连杆、曲轴、凸轮轴及后桥壳等。

（4）可锻铸铁

可锻铸铁的强度、塑性、韧性都比灰铸铁好，但并不可以锻造。多用于制造形状较复杂、尺寸不大、要求有较高强度和一定韧性的小截面铸件，如轮毂、转向器壳等。

2. 钢

钢即含碳量在2%以下的铁碳合金，有碳素结构钢、优质碳素结构钢、低合金钢和合金钢几类。

（1）碳素结构钢

碳素结构钢共分五种牌号，其中Q195具有较高的伸长率、良好的焊接性和韧性，常用于制造地脚螺栓、铆钉、垫圈及焊接件等。Q235、Q255具有一定的伸长率和强度，铸造性、焊接性尚好，可用于制造一般的机械零件，如螺栓、轴、拉杆及钢结构用的各种型材。Q275具有较高的强度，一定的焊接性能，切削加工及塑性均较好，可用于制造要求强度较高的零件，如齿轮、链轮、农机具的机架、耙齿等。

（2）优质碳素结构钢

1）低碳钢。机械强度低、硬度低，但具有良好的塑性、韧性、可焊性和优良的冷加工成型性，可用于制造受载较小、韧性较高的零件。

2）中碳钢。机械强度、硬度较高，塑性、韧性稍低，经热处理后可获得较好的综合机械性能，常用来制造曲轴、连杆、螺栓、螺母和键等。

3）高碳钢。冷作变形塑性差，焊接性能低，切削性能尚好，经热处理后可得到良好的韧性和高强度，主要用来制造要求不高的板弹簧和螺旋弹簧。

（3）低合金结构钢

低合金结构钢的强度比碳素钢高，耐腐蚀和耐磨性能优于相应的碳素钢。它一般在热轧退火或正火状态下使用，且不需要热处理，被广泛地用于拖拉机、汽车、锅炉以及钢结构件等。

单元

1

（4）合金结构钢

1）合金调质钢。具有良好的综合机械性能，既有较高的强度又有适当的韧性，主要用于制造拖拉机和汽车的连杆、齿轮轴和转向臂等零件。

2）合金渗碳钢。表面硬度高、耐磨，零件中心部具有较高的强度与适当的韧性，主要用于制造拖拉机和汽车的齿轮、轮圈、齿轮轴和十字轴等零件。

3. 铜和铜合金

（1）铜

纯铜呈紫色，又称紫铜，具有较高的导电性、导热性和良好的塑性，在冷、热状态下均能承受压力加工，主要用于制作导电器材、散热器、热交换器，还可用于制作铜合金。

（2）铜合金

铜合金有黄铜和青铜两大类。

1）黄铜。铜与锌组成的铜合金称为普通黄铜，可分为铸造黄铜和压力加工用黄铜两种，前者可用来制造轴套、衬套及其他耐磨件，后者可用来制造散热器芯、垫圈、垫片等。

2）青铜。除黄铜之外的其他铜基合金，习惯上都称青铜。其中把铜锡合金叫锡青铜或普通青铜，把其他青铜叫无锡青铜或特殊青铜。锡青铜具有较高的耐蚀性和耐磨性，可用来制造轴承、轴套、轴瓦等耐磨件。

4. 铝和铝合金

（1）纯铝

纯铝呈银白色，密度小，具有良好的导电性、导热性、耐蚀性和塑性，强度和硬度都较低，主要用来制造电缆、散热器以及要求强度不高的耐蚀器皿和用具等。

（2）铝合金

纯铝中加入一定量的某些合金元素，可制成各种不同的铝合金。

1）压力加工铝合金。这类合金具有良好的塑性，可以在冷热状态下进行压力加工，可用来制造油管、铆钉、仪表外壳和支架等。

2）铸造铝合金。这类合金的塑性较低，铸造性能好，广泛用于制造各种形状复杂、大型受力的零件，如油泵壳体、发动机活塞以及某些柴油机缸体和缸盖等。

5. 滑动轴承合金

（1）锡基轴承合金

锡基轴承合金摩擦系数小，塑性和导热性好，用来制造重要的轴承以及拖拉机发动机上的曲轴、连杆等。

（2）铝基轴承合金

铝基轴承合金摩擦阻力小，铸造性能好，但其强度、韧性及耐振能力都低于锡基轴承合金，适用于负荷小、速度较低的发动机。

二、非金属材料

1. 毛毡

毛毡是一种采用一系列浸润和热加工方法，使各种纤维的鳞状表面相互紧密联结，制成的片状材料。毛毡可分为细毛毡、半粗毛毡和粗毛毡三种，可根据粗细选作油封、衬垫及滤清器滤芯等。

2. 橡胶软管

橡胶软管由橡胶（天然胶或合成胶）和纤维或金属材料制成，可分为一般低压软管、耐高压软管和耐油软管三类。一般低压软管用作水箱软管、制动输气软管、刮水器连接软管等，耐高压软管可用以制作制动系统、液压系统中的连接软管，耐油软管适于拖拉机、汽车维修和使用中的输送油料。

3. 板类衬垫材料

板类衬垫材料有软木板、石棉板和纸板等。在拖拉机、汽车修理中，用以制造不同工作条件下的某些零部件接合部位的密封衬垫。

三、研磨材料

1. 研磨粉

研磨粉有氧化铝系、碳化物系、金刚石系及其他等几类，用以作为研磨的磨料。

2. 研磨膏

研磨膏是一种精加工方法所用的固态研磨剂，由研磨粉加黏结剂和润滑剂调制而成。研磨膏有抛光用研磨膏和研磨用研磨膏，研磨用研磨膏又分为粗、中、细三种。在拖拉机、汽车修理作业中，一般用研磨膏来研磨气门和气门座等配合副以达到密封要求。

3. 油石

油石由各种不同的研磨粉与黏结剂压制、烧结而成。按断面形状，油石有正方形、长方形、三角形、圆形和半圆形等多种；按硬度的大小，油石有软、中硬和硬三类。油石常用于研磨成型工件的表面，如刀具、模具、量具及其他淬火件等。软油石用以研磨硬工件，硬油石用以研磨软工件，细粒度油石用以研磨粗糙度要求低的零件，粗油石用以研磨粗糙度要求高的工件。

第八节　电工基础

一、电路

1. 直流电路

（1）电流

电流就是自由电子在导体中的定向流动。衡量电荷多少（即电量）的单位是 C（库仑）。每秒钟内流过导体横截面的电量称为电流强度，用 I 表示。如果 1 s 内流过导体横截面的电量是 1 C，电流强度就是 1 A（安培）。

电流分直流和交流两种。电流的大小和方向不随时间变化的称为直流电，其电流方向的规定是：在外线路中从正极流向负极。电流的大小和方向随时间呈周期性变化的称为交流电，交流电无正、负之分。

（2）电压

电流和水流相似，电流在电路中由高电位流向低电位，高电位与低电位之间的电位差叫作电压。电压用字母 U 表示，单位是伏特，简称伏，用符号 V 表示。

用来制造电位差的设备称为电源。

（3）电阻

电流在导体中流动所受到的阻力叫作电阻。电阻用字母 R 表示，单位是欧姆，简称欧，用符号 Ω 表示。导体的金属材料不同，截面积不同，长度不同，工作温度不同，电阻值的大小也不相同。导体的电阻和它的截面积成反比，和长度成正比。导体电阻的计算公式为：

$$R = \rho \frac{L}{S}$$

式中　ρ——电阻系数，$\Omega \cdot mm^2/m$；

　　　　L——导体的长度，m；

　　　　S——导体的截面积，mm^2。

（4）电流、电压和电阻的相互关系——欧姆定律

实验证明：在闭合电路中，当电阻不变时，电流与电压成正比；当电压不变时，电流与电阻成反比。这个规律就是欧姆定律，用公式表示为：

$$I = \frac{U}{R} \quad 或 \quad U = IR$$

欧姆定律是电学的基本定律，它在实践中有着重要的意义。如果知道了电流、电压及电阻三个物理量中的任何两个，根据欧姆定律，就可以求出第三个量。

2. 导体、绝缘体和半导体

（1）导体

电阻比较小，容易通过电流的物体叫作导体。如金属，盐、碱或酸的水溶液等。

（2）绝缘体

电阻很大，电流不易通过，不能导电的物体叫作绝缘体。如玻璃、橡胶、沥青、云母、陶瓷、塑料、丝绸和木材等。

（3）半导体

导电能力介于导体和绝缘体之间的物体叫作半导体。如锗、硅、硒与砷等元素和一些金属氧化物或碳化物等。

3. 电功和电功率

电流通过电灯，电灯会发亮；电流通过电动机，电动机会转动。这些能量的传递和转换说明电流做了功，即称为电功。电功用符号 W 表示。电功的大小取决于通过用电设备的电流 I、用电设备两端的电压 U 及其做功的时间 t。因此，可用下面公式进行计算：

$$W = UIt$$

单位时间内电流所做的功，叫作电功率，用符号 P 表示。电功率由流过用电设备的电流和用电设备两端的电压来决定，用下式表示：

$$P = UI$$

単元 **1**

电功率的常用单位是瓦特，简称"瓦"，用符号 W 表示。1 W = 1 V × 1 A。实用单位还有千瓦（kW）等，其换算关系为：

$$1 \text{ kW} = 1\,000 \text{ W}$$

可以看出，用电设备的功率乘以做功的时间，就是电功 W。常用的电功单位是"度"。1 kW·h 的电功为 1 度，它等于功率为 1 kW 的用电设备工作 1 h 所消耗的电功，即 1 度电 = 1 kW × 1 h = 1 kW·h。它与焦耳的换算关系为：

$$1 \text{ kW·h} = 3.6 \times 10^6 \text{ J}$$

4．电路的基本概念

（1）电路

电流所经过的环路叫作电路，由电源、负载、导线、开关等组成。

（2）欧姆定律

在一个电路中，电流的大小和电压成正比，和电阻成反比。电流、电压和电阻这三者之间的关系叫欧姆定律，其关系式为：

$$I = \frac{U}{R} \quad \text{或} \quad U = IR$$

（3）电动势

电动势是表示电源供电能力大小的物理量。外电路断开时电源两端的电压值就是电源的电动势。电动势用字母 E 表示。

（4）电功率

电流每秒钟所做的功叫电功率。电功率用字母 P 表示，其公式为：

$$P = UI \quad \text{或} \quad P = I^2 R$$

电功率的值等于加在该电阻两端电流与电压的乘积。

5．电阻的串联与并联

在电路中，电阻的连接基本形式有串联与并联两种。

（1）电阻的串联

如果电路中有两个或更多个电阻一个接一个地首尾相连，这样的连接方法就称为电阻的串联。

串联电路的特点如下：

1）电路中各处的电流相等，即 $I = I_1 = I_2 = I_3 = \cdots$。

2）外加电压等于串联电路中各电阻电压降之和，即 $U = U_1 + U_2 + U_3 + \cdots$。

3）总电阻等于各个串联电阻的总和，即 $R = R_1 + R_2 + R_3 + \cdots$。

（2）电阻的并联

如果电路中有两个或更多个电阻连接在两个公共的节点之间，则这样的连接方法就称为电阻的并联。

并联电阻的特点如下：

1）加在各并联电阻两端的电压相等，即 $U = U_1 = U_2 = U_3 = \cdots$。

2）电路内的总电流等于各并联电阻通过的电流之和，即 $I = I_1 + I_2 + I_3 + \cdots$。

3）并联电路的总电阻的倒数等于各并联电阻倒数之和，即 $\frac{1}{R} = \frac{1}{R_1} + \frac{1}{R_2} + \frac{1}{R_3} \cdots$。

单元 **1**

6. 交流电路

交流电路中的电动势、电压及电流，其大小和方向都随时间作周期性的交变，称为交流电路。其变化规律随时间按余弦函数规律变化的叫作余弦交流电路；其变化规律随时间按正弦函数规律变化的叫作正弦交流电路，正弦交流电动势通常在交流发电机中产生，其应用广泛。

（1）正弦交流电

1）正弦交流电的基本量。正弦交流电的基本量包括频率与周期、幅值与有效值等。

①频率与周期。正弦量变化一次所需的时间（s）称为周期 T。每秒内变化的次数称为频率 f，它的单位是赫兹（Hz），简称赫。频率是周期的倒数。正弦量变化的快慢除用周期和频率表示外，还可用角频率 ω 来表示。

②幅值与有效值。正弦量在任一瞬间的值称为瞬时值，用小写字母来表示，如 i、u 和 e 分别表示电流、电压及电动势的瞬时值。瞬时值中最大的值称为幅值或最大值，用带下标 m 的大写字母来表示，如 I_m、U_m 及 E_m 分别表示电流、电压及电动势的幅值。

图1—62所示是正弦电流的波形，它的数学表达式为：

$$i = I_m \sin\omega t$$

正弦交流电电流有效值与最大值之间的关系为：

$$I = \frac{1}{\sqrt{2}} I_m \quad \text{或} \quad I_m = \sqrt{2} I$$

同样，正弦交流电的电压、电动势的有效值与最大值的关系为：

$$U = \frac{1}{\sqrt{2}} U_m, \quad E = \frac{1}{\sqrt{2}} E_m$$

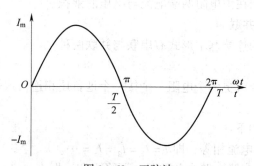

图1—62 正弦波

2）纯电阻交流电路。图1—63所示是一个电阻元件通以交流电的电路。在这个纯电阻的电路中，通过电阻 R 的电流瞬时值 i、最大值 I_m、有效值 I 与作用在电阻上的电压瞬时值 u、最大值 U_m 与有效值 U 之间的关系，都符合在直流电路中的欧姆定律，即：

$$u = iR = I_m R \sin\omega t$$
$$U_m = I_m R$$
$$U = IR$$

瞬时功率为电压与电流瞬时值的乘积，即：

$$p = ui = U_m I_m \sin^2\omega t$$

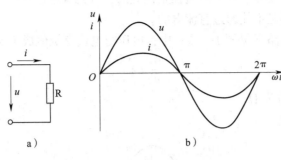

图 1—63　电阻元件的交流电路

a）电路图　b）电压与电流的正弦波形

而平均功率 P 可表示为：

$$P = UI = I^2 R$$

3）纯电感交流电路。线圈是电气设备常用元件之一，在直流电路中，其影响不大；在交流电路中，则因电感较大，对电流起阻碍作用。如忽略电阻不计，可把线圈看成纯电感元件。

在纯电感电路（见图 1—64）中，电压的有效值和电流的有效值成正比，就是说它们的比值 X_L 是一个常数，即：

$$\frac{U}{I} = X_L$$

X_L 叫作电感电抗，简称感抗，其单位也是 Ω。

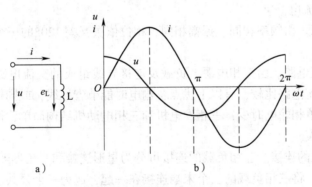

图 1—64　电感元件的交流电路

a）电路图　b）电压与电流的正弦波形

同理，则有

$$U_m = I_m X_L$$

这时，u 和 i 相位上的关系就可表示为：

$$u = U_m \sin\ (\omega t + 90°)\ = I_m X_L \sin\ (\omega t + 90°)$$

$$i = I_m \sin \omega t$$

4）纯电容交流电路。电容器由任何两块金属板（箔）用绝缘物隔开而成，它有储存电荷的性能。电容器充、放电的过程是很短的，且充放电过程一结束，电路中的电流即为零，可见电容器是不能通过直流电的。

在纯电容交流电路（见图1—65）中，电压与电流有效值成正比，即：

$$\frac{U}{I} = X_C$$

X_C叫作容抗，其单位为Ω。

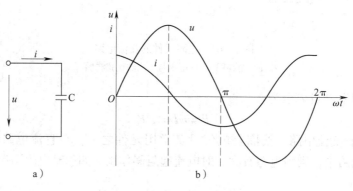

图1—65　电容元件的交流电路

a）电路图　b）电压与电流的正弦波形

u和i相位上的关系可表示为：

$$u = U_m \sin\omega t$$
$$i = I_m \sin(\omega t + 90°)$$

（2）三相交流电

1）三相电源。由频率相同、振幅相同、相位依次互差120°的三个电动势组成的电源叫作三相电源。

2）三相交流电路。由三相电源、负载及连接导线组成的交流电路叫作三相交流电路。它与单相交流电路比较，有以下优点：输电时能节省导线，或同样的导线用量情况下，电能损耗比单相输电时少；三相发电机和三相电动机结构简单，性能良好，原材料消耗少，造价低廉。

3）三相负载的连接。三相负载的连接可分为星形连接和三角形连接两种。

①星形连接。将三相负载的三个末端连接在一起，成为一个公共点N，叫作负载中性点。然后将负载的三个首端分别与电源的三根火线连接，再将负载中性点与电源的中线连接，这就是三相负载的星形连接，如图1—66所示。从图中可看出，各相负载的端电压等于电源的相电压，电源的线电压为负载的相电压的1/3倍。流过各相负载的相电流，分别等于流过各火线的电流。

②三角形连接。将每组负载的末端同相邻的一组负载的首端依次相连接，而后将三相负载的三个首端分别与电源的三根火线连接，这就是三相负载的三角形连接。如图1—67所示，在三角形连接的三相负载中，各相两端的相电压等于线电压。当负载对称时，各负载的相电流也是对称的。

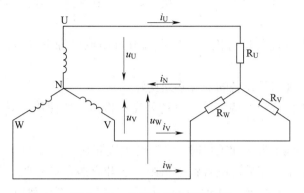

图1—66　三相负载的星形连接

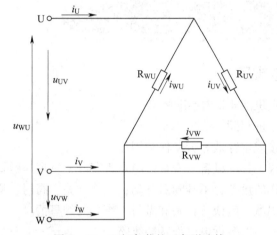

图1—67　三相负载的三角形连接

单元
1

二、安全用电

1. 触电事故

电流通过人体所受损伤，根据伤害性质不同可分为电伤和电击两种情况。电伤是指人体外部的伤害，如皮肤的灼伤、电的烙印等；电击是指电流通过人体内部组织所引起的伤害，如不及时摆脱带电体，就会有生命危险。大多数的触电事故是在正常工作时接触不带电部分，而因绝缘损坏引起触电。电动机绕组绝缘破坏而使机壳或设备带电引起的触电伤亡应特别注意，为此应采取保护措施。

2. 保护接地

保护接地就是将电气设备不带电的金属部分与接地体之间作良好的金属连接。

3. 触电预防

预防触电最重要的措施是遵守安全规程和操作规程，安全注意事项如下：

（1）在一般情况下不要带电作业，在检修电气设备前应先断开电源，并用试电笔检验确认无电后才能进行工作。

（2）各种运行的电气设备，如电动机、启动器和变压器等金属外壳，必须采取保护接地。

（3）经常对电气设备进行检查，发现温升过高或绝缘下降时，应及时查明原因，消除故障。

（4）临时用电线路及设备的绝缘必须良好。

（5）电动施工机械和手持电动工具的外壳应接地，所使用的导线应是绝缘的橡皮软线。

（6）连接电动施工机械和工具时，应装开关或插座。

（7）若有人触电，应使触电者就地平卧，解开衣服以利呼吸。气候寒冷应注意保温，同时应迅速请医生诊治。如果触电者呼吸、脉搏、心脏跳动均已停止，必须立即施行人工呼吸或心脏复苏，并在就诊途中不得中断。

第九节　修理服务规定

一、维修间安全规定

1. 在工作中和上班前 4 h 内不准喝酒。

2. 不准把小孩带进车间。

3. 作业前必须按规定穿戴好劳动保护用品。

4. 工作前要检查工具、设备、安全设施是否完好，发现问题要及时汇报和处理。

5. 不是自己操作的设备，不准随意动开；各种开关、阀门、警告牌等不准乱动。

6. 工作中不准唱歌、闲谈、打闹和做与工作无关的事情。

7. 非电气人员，不准装拆电气设备和线路。

8. 变配电间、油库、漆库、乙炔站等要害处，非本岗位人员，未经许可不准入内。

9. 不准跨越运转中的设备和各种输送带、输送链，并严禁对运行中的设备进行加油和擦拭清洁工作。

10. 凡标有"禁止烟火"的场所，不得吸烟或未经许可进行明火作业。

11. 各种消防器材，要经常保持良好状态，不能乱动乱用。

12. 各种安全防护装置、信号标志等，要经常保持齐全有效，不准任意拆除。

13. 保持工作场所的整洁和道路畅通，零件应按规定堆放。

14. 一旦发生重伤及以上事故（或恶性未遂事故）时，要保护现场，做好受伤人员的救护和防止事故扩大工作，并立即报告安全部门和领导。

15. 一旦发生触电事故，要迅速使受害者脱离电源，并就地立即抢救（人工呼吸），同时通知医院、安全部门及领导。

二、车底工作的安全技术规程

1. 在车底工作时，应尽量利用修理通道（地沟）。

2. 如没有地沟，应先在车上挂出表示"正在修车"的标志牌；拉紧手制动器，并用三角木塞住车轮，防止车辆移动伤人。

3. 在车底下工作时，不要直接躺在地上，应尽量使用卧板。

4. 用千斤顶支车时，要选好支顶位置。千斤顶应放置平稳，人应在车的外侧位置操作。

5. 支车前，要先找好架车器材（如铁马、木马、带有高度调节丝杠的支架等），禁止用砖头，木块，石头，或其他容易折断、破碎和滑动的物体架车。当车辆升到需要的高度后，把支架器材放到车下合适的位置（如保险杠、车桥、车架等），调整好支架丝杠高度，使其顶端与车体挨紧。当采用不能调整高度的器具（如铁马、木马等）时，可用结实的枕木或铁板垫到支架空隙中，然后将千斤顶稍稍回落一些，使车体和支架器材挨紧。

6. 千斤顶只能做顶起车辆的工具，不能作为长时间支架器材使用，可以作为短时间的辅助支架器材。

7. 当单独用千斤顶支撑时，车下禁止进入，以免因千斤顶漏油或其他原因，造成千斤顶突降下落，而发生人身事故。

8. 凡单独用千斤顶支起卸下车轮的车辆，不许在车上或车下工作。

9. 用千斤顶使车辆下降时，应首先将千斤顶升起一些，取出车下的支架器材，然后缓缓打开液压开关，使车轮慢慢着地。在落下车轮前，应先检查周围是否有障碍物和可能压着自己的危险。

三、吊装零部件和总成的安全技术规程

1. 检查一般吊具和专用吊具是否有变形和裂纹，严禁使用不良吊具。

2. 吊装时，应按原设计吊点起吊。对无吊点的零部件，应选择好吊挂部位，严禁随意吊挂。在起吊过程中，要防止吊具压坏其他易损零件。

3. 吊具和吊钩必须装好，严防脱钩。

4. 起吊后，重物下面严禁站人。在起吊过程中，要轻起缓放，操纵起重设备人员，一定要服从固定人员的指挥。

5. 起吊前，捆绑有棱角的重物时，应垫以木板或特制铁板、棉纱、破布等，使棱角和绳索隔离，以免受损伤。

6. 检查吊绳是否牢靠、适宜，如有不妥当的地方，应重新捆绑或修理，以免松动脱扣发生事故。

7. 检查绳子是否有拧紧现象，以免绳索发生扭断或扭伤。

8. 使用两根以上绳索起吊时，应尽量避免并列使用。

四、文明生产要求

1. 积极参加业务技术学习和各项安全技术活动，虚心学习，互相帮助。

2. 遵守各项安全制度和安全技术规程，合理使用工具和设备。

3. 使用厂（场）发放的劳动保护用品进行生产，确保安全生产。

4. 遵守劳动纪律，不迟到，不早退，不利用工作时间办私事。有事要向领导请假，

经批准后方可离开工作现场。

5. 工作时，要注意不要妨碍其他同志操作。要注意不要使自己的工作影响下一工序。

6. 搞好工作场地环境卫生，工具、零件、原材料应存放在固定地点。报废物品集中分类存放，不要乱堆、乱放。

7. 爱护公共财物，注意防火。

8. 使用工具时，不乱扔乱放，用完后擦净，并整齐地存放于工具箱、柜中或规定地点。

9. 作业场地要经常保持清洁，工具箱摆放要整齐，并保持其内外清洁。

10. 非驾驶人员禁止开动车辆，并严格执行厂（场）内有关车辆的具体规定。自觉地按照岗位操作规程进行生产，服从技术人员的技术指导。严格执行厂（场）内有关车辆的具体规定。

单元
1

第 **2** 单元

农业机械的一般构造、技术状态诊断与故障分析

第一节 犁

一、种类

犁按工作部件的工作原理分类，有铧式犁、圆盘犁、旋耕机和深松机等；按用途分类，有旱地犁、水田犁、山地犁和其他特种用途犁等；按与拖拉机的挂接方式分类，有牵引犁、悬挂犁和半悬挂犁。我国铧式犁系列分为两大类，即南方水田犁系列和北方旱作犁系列。

二、铧式犁的一般构造

1. 牵引犁

牵引犁主要由犁架、工作部件（包括主犁体、小前犁、犁刀和松土铲等）、牵引装置、起落调节机构和行走装置（包括地轮、沟轮和尾轮）等组成，如图 2—1 所示。

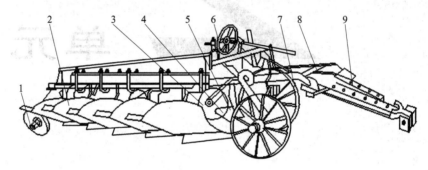

图 2—1 牵引犁

1—尾轮 2—主犁体 3—圆犁刀 4—小前犁 5—沟轮
6—起落调节机构 7—地轮 8—犁架 9—牵引装置

2. 悬挂犁

悬挂犁主要由犁架、悬挂架、主犁体和限深轮等组成，如图 2—2 所示。

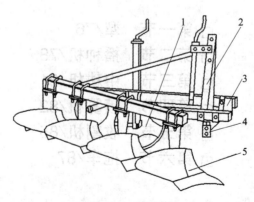

图 2—2 悬挂犁

1—限深轮 2—悬挂架 3—犁架 4—悬挂轴 5—主犁体

单元 2

3. 半悬挂犁

半悬挂犁的前端通过悬挂架与拖拉机液压悬挂系统相连，犁的后端设有限深轮及尾轮机构，如图 2—3 所示。由工作位置转换到运输位置时，犁的前端由液压提升器提起，当前端抬升一定高度后，通过液压油缸，使尾轮相对于犁架向下运动，于是犁架后部即被抬升。这样犁出土迅速，地头耕深一致。当到达运输状态后，犁的后部重量由尾轮支承。尾轮通过操向杆与拖拉机悬挂机构的固定臂连接，当机组转弯时，尾轮自动操向。犁的耕深由拖拉机液压系统和限深轮控制。

半悬挂犁性能介于牵引犁和悬挂犁之间，但比牵引犁结构简单，重量减少 30%，机动性、牵引性能与跟踪性能较好。半悬挂犁比悬挂犁可配置较多的犁体，运输时，改善了机组的纵向稳定性。

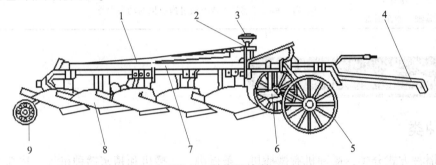

图 2—3　半悬挂犁

1—尾轮拉杆　2—水平调节手轮　3—深浅调节手轮　4—牵引杆
5—地轮　6—沟轮　7—犁架　8—犁体　9—尾轮

三、犁常见故障及原因

犁常见故障及原因见表 2—1。

表 2—1　　　　　　　　　　　　犁的常见故障及原因

故障现象	原因
犁的入土行程常达不到规定耕深	1. 上拉杆过长，犁架前高后低 2. 悬挂点位置选择不当，入土力矩小 3. 水田犁旱耕硬地时，难以入土 4. 犁铧磨钝或铧尖部分上翘变形 5. 圆犁刀距后犁体较远或圆犁刀切土过深 6. 牵引犁的横板偏低或拖拉机牵引点偏高
犁的耕深不一致	1. 犁架未调平 2. 犁架和犁柱变形 3. 田间土壤软硬不一
相邻两行程衔接不平	1. 犁体接盘在犁架主斜梁上的位置发生变动，各铧耕宽不一致 2. 犁架和犁柱变形，使各犁体底面不在同一平面上，耕深不一致；犁壁没有磨光，严重黏土，使土垡翻转不好

单元
2

续表

故障现象	原因
沟墙不齐，沟底不清	1. 圆犁刀向未耕地偏置不足 2. 圆犁刀切土深度太浅 3. 耕深过大，由于回垡和犁壁顶部漏土，造成沟底严重不清
立垡或回垡	1. 耕深超过犁的设计耕深 2. 在斜梁上各铧之间距离过小，各犁体的耕幅变小 3. 犁壁未磨光，翻垡不足
耕宽不稳定	北方系列犁上的耕宽调节器的 U 形卡螺母松动，使左悬挂点向犁架中心滑动，左右悬挂点之间的距离减小
偏牵引，使机车向一侧偏驶，操作困难	调整不当，犁的合成阻力线不通过拖拉机的动力中心

第二节 播种机

一、种类

按播种方式分类，播种机有撒播机、条播机、穴播机和精密播种机等；按综合利用程度分类，播种机有专用播种机、通用播种机和通用机架播种机等；按播种的作物分类，播种机有谷物播种机、中耕作物播种机和其他作物播种机等；按动力的连接方式分类，播种机有牵引式播种机、悬挂式播种机和半悬挂式播种机；按播种机排种原理分类，播种机有机械式排种播种机、气力式排种播种机和离心式排种播种机。

二、谷物条播机

1. 一般构造

谷物条播机主要由机架、种肥箱、排种器、排肥器、输种管、输肥管、开沟器、覆土器、地轮、传动装置、牵引或悬挂装置、起落机构和深浅调节机构等组成，如图2—4所示。

2. 工作原理

谷物条播机工作时，通过开沟器起落机构和传动离合器，将开沟器降落，并接合传动动力。在播种机随拖拉机行进时，开沟器开出种沟，地轮通过传动装置，带动排种装置和排肥装置工作，将种、肥排出，经输种（肥）管落入种沟，随后由覆土器盖种覆土。在运输和地头转弯时，将开沟器升起，并切断传动动力，开沟器、排种、排肥装置停止工作，播种机随拖拉机空行。

三、中耕作物播种机

1. 一般构造

中耕作物播种机如图2—5所示，主梁和地轮是通用部件，主梁上按要求的行距安装数组工作部件，每组工作部件包括排种器、开沟器、仿形机构和覆土镇压装置，其他部件还有传动机构、悬挂架和划印器等。

单元 2

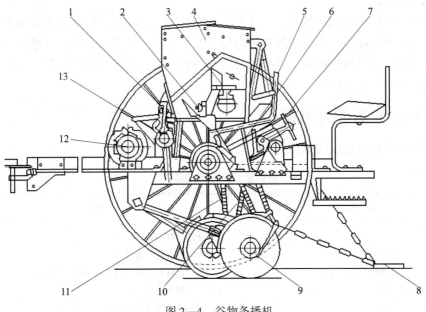

图2—4　谷物条播机

1—地轮　2—排种器　3—排肥器　4—种肥箱　5—自动离合器操纵杆　6—起落机构
7—深浅调节机构　8—覆土器　9—开沟器　10—输肥管　11—输种管　12—传动机构　13—机架

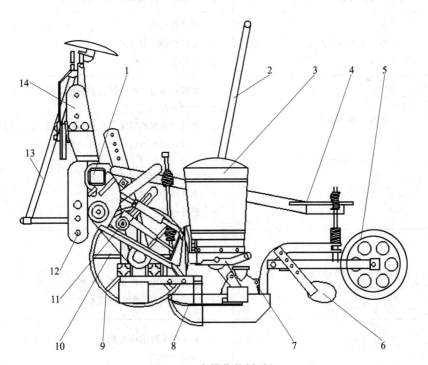

图2—5　中耕作物播种机

1—主梁　2—扶手　3—种子筒及排种器　4—脚踏板　5—镇压器
6—覆土板　7—种子成穴盘　8—开沟器　9—行走轮　10—传动链
11—平行四杆仿形机构　12—下悬挂架　13—划印器　14—上悬挂架

单元
2

---

2. 工作原理

工作时，播种机随拖拉机行进，开沟器开出种沟，地轮通过传动装置带动排种器排种，种子经排种口排出，成穴地落在种沟里，然后由覆土板覆土，镇压轮镇压。在运输和地头转弯时，通过拖拉机液压悬挂系统将播种机升起，使地轮和开沟器一并升起，完成播种机的运输和地头转弯。

四、播种机常见故障及原因

播种机常见故障及原因见表2—2。

表2—2　　　　　　　　　播种机常见故障及原因

故障现象	原因
播种机没有种子排出	1. 种箱全部播空 2. 开沟器或输种管堵塞 3. 气力式播种机鼓风机不转或转数不够 4. 排种器不排种 5. 传动链断裂或驱动轮失灵
牵引式播种机在起落过程中，有某一半开沟器升不起来	1. 自动器杠杆弹簧脱落或弹力失效 2. 自动器杠杆和自动器盘面被杂物挤住
播种株距不正常	1. 传动轮打滑 2. 排种盘的孔数不对 3. 链轮速比不正确
播量过大或过小	1. 窝眼轮或盘式排种器的刮种舌磨损 2. 控制不起作用 3. 排种口或窝眼阻塞及投种器损坏或不起作用 4. 气吸式的排种盘不平、装反或松动
成穴性变坏	1. 刮种器或投种器磨损失效 2. 弹簧压力不够 3. 护种器磨损或不起作用
种子的破损率增加	1. 刮种失灵或压力调整不当 2. 护种装置失效 3. 盘式排种轮与种子尺寸不适应 4. 槽轮排种舌的固定位置不对
单行不排肥	1. 肥轮销子脱出或折断 2. 排肥轴扭断 3. 排肥齿轮损坏 4. 肥箱内肥料架空 5. 进肥口或下肥口堵塞

单元 **2**

续表

故障现象	原因
覆土过深或不严	1. 犁铧入土困难 2. 分土板调节不正确 3. 覆土器调整不合理
行距不一致	1. 开沟器配置安装距离不准确或拉杆变形 2. 螺钉松动，使开沟器左、右摆动

第三节　中耕机

一、种类

按工作特点分类，中耕机有全面中耕机、行间中耕机、通用中耕机（全面、行间通用）、通用机架中耕机（播种、中耕的机架通用）；按工作条件分类，中耕机有水田中耕机、旱田中耕机。

二、一般构造

目前我国北方地区，普遍采用通用机架中耕机，有2BZ－4（6）、龙江－1号、BZT－6等多种型号，它们的结构形式大体相同。2BZ－6型通用机架中耕机由机架和中耕单组两部分组成，如图2—6所示。

单元
2

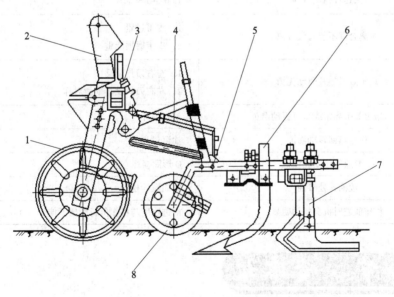

图2—6　2BZ－6型中耕机

1—地轮　2—悬挂架　3—方梁　4—平行四杆机构　5—仿形轮纵梁
6—双翼铲　7—单翼铲　8—仿形轮

1. 机架

机架为单梁式结构，中部装有悬挂架，两侧各装一个地轮，工作时用以支承机架，中耕追肥时用以驱动排肥装置。

2. 中耕单组

中耕单组共有七组，每个单组由平行四连杆机构、仿形轮、仿形纵梁和工作部件（包括除草铲、松土铲和培土铲三种类型）组成，通过平行四连杆机构与机架相连，实现工作部件单组仿形。

三、工作原理

中耕机通过悬挂装置与拖拉机相连接，由拖拉机液压系统操纵。根据不同时期的作业要求，可在中耕单组上换不同的工作部件，进行中耕除草、中耕施肥和培土作业。作业时机架降落，工作部件入土，通过单组仿形机构使工作部件在工作中能随地形起伏上下仿形，保持稳定的工作深度。运输及地头转弯时，通过拖拉机液压系统操纵中耕机升起地面，悬挂在拖拉机上。

四、中耕机常见故障及原因

中耕机常见故障及原因见表2—3。

表2—3　　　　　　　　　　中耕机常见故障及原因

故障现象	原因
变速杆挡位难挂	齿轮静止
主离合器不能有效分离	1. 皮带过紧 2. 皮带磨损严重
培土效果差及驱动无力	1. 左右刀具装反 2. 左右刀具没有平衡对称
左右培土效果异常或车身振动严重	油封损坏
耕耘箱回转轴渗油	油温过高
变速箱注油孔溢油	O形圈损坏
放油孔处渗油	紧固螺栓松动
耕作前进时机身抖动明显	前进速度与耕作负荷配比不佳

第四节　喷雾机

喷雾机的功能是使药液雾化成细小的雾滴，并使之浇洒在农作物的茎叶上。田间作业时对喷雾机的要求是：雾滴大小适宜、分布均匀，能达到被喷目标需要药物的部位；

雾滴浓度一致;机器部件不宜被药物腐蚀;有良好的人身安全防护装置。喷雾机按药液喷出的原理,可分为液体压力式喷雾机、离心式喷雾机、风送式喷雾机和静电式喷雾机等;按单位面积施药液量的大小来分,可以分为高容量、中容量、低容量和超低量喷雾机等。

一、常用喷雾机

中国农业机械研究院与金华农业药械厂协作,于1979年研制成功MB240型双缸活塞隔膜泵,转速600 r/min,常用工作压力1.5~2.5 MPa,最高工作压力3 MPa,流量40 L/min,并配套成金蜂 – 40型担架式喷雾机(见图2—7)。福建省农机所与泉州喷雾器厂协作研制成功3WHM240型活塞隔膜泵。广东农业药械厂生产了ZMB220、ZMB240型活塞隔膜泵并配套成担架式的3WM220、3WM240型喷雾灌浆机。它们与活塞泵、柱塞泵喷雾机相比,泵的流量、压力指标及喷雾机的结构型式与性能大体相同。

图2—8所示为一种果园风送式喷雾机,它主要由风机、液泵、变速箱、喷头、喷管、药液箱、搅拌器等组成。它是利用气流来输送雾滴,适合于喷洒高大的树木、果园,也可用于中耕作物。喷头安装在气流通道中,雾滴一般可以利用液体自身的压力形成,也可以利用气体的压力形成。一般雾滴尺寸在100 μm左右。这种喷雾机具有生产率高、成本低、节约农药等优点。我国生产的3WGD – 700型果园喷雾机就属于这种类型,它与8.8 kW的小四轮拖拉机配套,射程半径6 m,作业效率0.68~0.8 h·m²,风机直径0.76 m,风机流量大于10 m³/s,药液泵流量80 L/min,雾滴直径75~100 μm。

单元
2

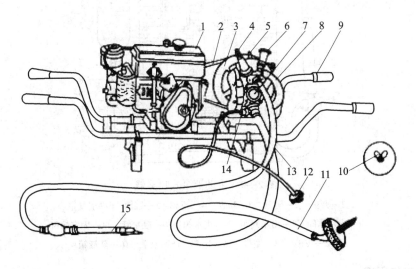

图2—7 担架式喷雾机

1—165F柴油机 2—V带 3—V带轮 4—压力表 5—空气室
6—调节阀组件 7—隔膜泵 8—回水管组件 9—机架 10—三通(喷雾接头)
11—吸水过滤器管 12—吸药过滤器 13—出水管组件 14—吸药开关 15—喷枪

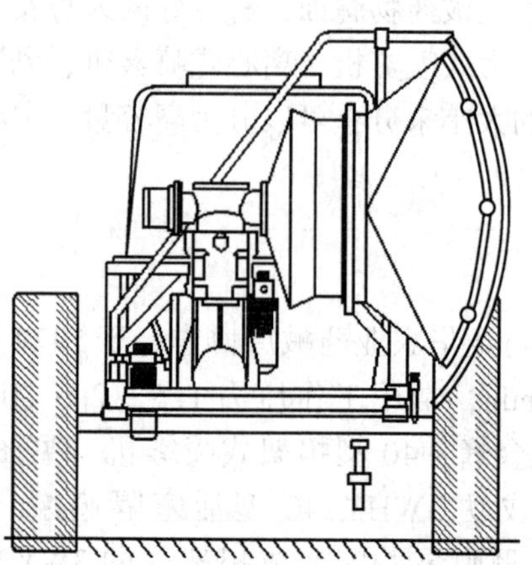

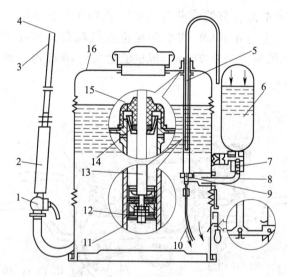

图2—8　果园风送式喷雾机

二、液泵式喷雾器

1. 构造

液泵式喷雾器主要由药液筒、活塞式液压泵、空气室、胶管、开关、喷杆和喷头等组成，如图2—9所示。

图2—9　手动液泵式喷雾器

1—开关　2—套管　3—喷杆　4—喷头　5—缸筒　6—空气室

7—出水球阀　8—出水阀座　9—进水阀　10—吸水管　11—固定螺母

12—皮碗　13—塞杆　14—毡圈　15—泵盖　16—药液箱

2. 工作原理

工作时，操作人员将喷雾器背在身后，当上下摇动摇杆时，通过连杆机构的作用，使塞杆在泵筒内作往复运动。当塞杆上行时，皮碗从下端向上运动，皮碗下面泵筒的容积不断增大，形成局部真空，药液在压力差的作用下，冲开进水球阀，沿吸水管进入泵筒。当皮碗从上端返回时，泵筒内的药液被挤压，进水球阀被关闭，出水球阀被压开，药液通过出水阀进入空气室。空气室里的空气被压缩，对药液产生压力，打开开关后，药液即变成细小的雾滴，经过喷头喷出。

第五节 收割机

一、种类

按与拖拉机的连接方式分类，收割机有牵引式和悬挂式两种。悬挂式应用比较普遍，一般采用前悬挂方式。按谷物铺放形式分类，收割机有割晒机和割捆机。按割台形式分类，收割机有卧式割台收割机、立式割台收割机和圆盘式割台收割机。

二、立式割台收割机

1. 构造

立式割台收割机的割台为直立式，被割断的谷物以直立状态输送，纵向尺寸较小，小型收割机多用这种形式。它主要由切割器、输送带、分禾器、星轮式扶禾器、机架和传动机构等组成。

2. 工作原理

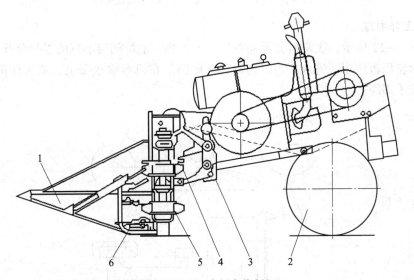

图2—10 立式割台收割机

1—分禾器 2—拖拉机前轮 3—悬挂装置 4—上输送带 5—下输送带 6—切割器

如图2—10所示，收割机通过连接架与拖拉机相连，发动机的动力通过输出装置传入收割机的传动机构，驱动切割器、输送带和拨禾机构。工作时，通过升降机构将收割机降落到工作位置，左、右分禾器首先插入谷物，将待割和未割谷物分开，星轮扶禾器将待割谷物分成若干个小束引向切割器，待谷物被切断后由星轮将其拨向割台。割台上有上、下两层带拨齿的输送带，将谷物向一侧输送，倒地后条铺于机旁地面。

三、卧式割台收割机

1. 构造

其割台为卧式，纵向尺寸较大，宽幅式收割机多采用这种形式。它主要由拨禾轮、切割器、输送装置、机架及传动系统等组成，如图 2—11 所示。

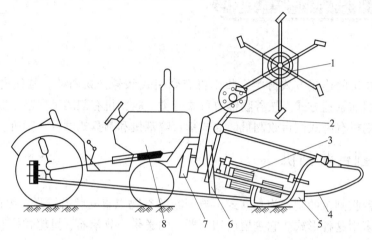

图 2—11　卧式割台收割机

1—拨禾轮　2—输送装置　3—分禾器　4—切割器　5—机架
6—悬挂升降机构　7—传动系统　8—传动联轴器

2. 工作原理

如图 2—12 所示，收割时分禾器首先插入谷物，把待割与不割的谷物分开。待割谷物在拨禾轮压板作用下进入切割器切割，继而倒落在帆布输送带上，被送往割台一侧，成条铺放于田间。

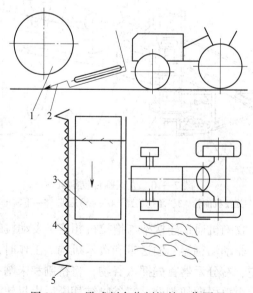

图 2—12　卧式割台收割机的工作原理

1—拨禾轮　2—切割器　3—输送带　4—放铺口　5—分禾器

四、收割机常见故障及原因

收割机常见故障及原因见表2—4。

表2—4 收割机常见故障及原因

故障现象	原因
收割台不能升降或动作缓慢	1. 液压系统操纵阀失灵 2. 齿轮油泵泵油压力不够 3. 油管气阻 4. 油缸活塞密封不良，导致渗漏或压力不够
输送堵塞	1. 输送带调整太松 2. 前进速度太慢 3. 割刀太钝 4. 被动辊缠草 5. 拨禾轮调整不当 6. 上、下输送带松弛打滑或不传动 7. 输送间隙过小，八角星轮拨动能力小，上拨齿能力差 8. 上、下输送带转速调整不当
收割台帆布输送带跑偏	1. 被动辊调节螺钉紧度不一致 2. 带卡子铆偏，紧度不一致
小型机谷物输送时不直立	1. 上输送带转速快，下输送带转速慢 2. 割刀太钝
割茬不齐，铺放不整齐	1. 割刀过钝，刀片破损过多 2. 割刀间隙过大
靠边割茬高	内分禾杆与割刀刀杆之间夹角大于90°
割台突然停止工作	1. 切割器卡死 2. 动、定刀片铆钉松动，导致动、定刀片卡死 3. 传动零件脱落或损坏

单元
2

第六节 拖车

一、种类和一般构造

拖车也叫挂车，一般由车箱、车架、转向装置（包括转向架、转向盘等）、牵引架、车轮、钢板弹簧、制动装置、电路系统等组成，如图2—13所示。

拖车按结构分类有半挂车（单轴）和全挂车（双轴）两种，按制动方式分类有充气制动和断气制动两种，按卸货方式分类有自卸和不自卸两种。

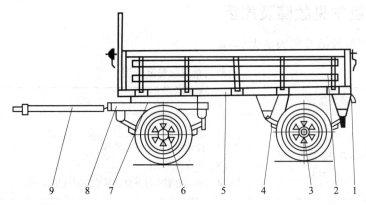

图 2—13　拖车的构造

1—尾灯　2—车箱　3—后轮　4—钢板弹簧　5—车架

6—前轮　7—转盘　8—转向架　9—牵引架

二、拖车常见故障及原因

拖车常见故障及原因见表 2—5。

表 2—5　　　　　　　　　拖车常见故障及原因

故障现象	原因
拖车在运行中车箱板相撞噪声过大	1. 前、后侧板的锁定卡子磨损、晃动，导致车箱板互相撞击，发出强噪声 2. 铰链副磨损所致
拖车转弯不灵活	1. 转盘滚柱（滚珠）磨损 2. 转盘滚道损坏，使滚柱运动
拖车车轮摆动	1. 车轮轴承间隙过大 2. 轴承磨损导致车轮发晃
拖车运行时车身歪斜	1. 左、右或前、后板弹簧折断或弹力不一致 2. 各轮胎气压不一致
拖车在制动时与拖拉机撞击	1. 制动器调整不当 2. 单边制动器摩擦片磨损严重 3. 制动鼓磨损不均匀
拖车制动失灵	1. 制动总泵不工作，制动气室或分泵损坏 2. 摩擦片磨损严重或制动鼓磨损严重
拖车车架振动	1. 车架断裂 2. 车轮气压不足 3. 载重超负荷

第3单元

拖拉机、农用汽车的一般构造和工作原理

第一节　发动机

一、概述

发动机（见图3—1）又称为引擎，发动机是将燃料燃烧的热能转变为机械能的一种机器。燃料在气缸内燃烧的发动机叫内燃机。以柴油作燃料的内燃机，简称柴油机。农用运输车的发动机均为柴油机。根据每个工作循环的行程数不同，发动机可分为二行程和四行程两种；根据发动机的气缸数不同，又可分为单缸和多缸；根据发动机气缸的排列方式不同，还可分为立式、卧式、对置式和V形发动机等。

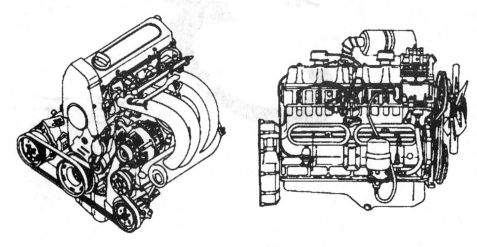

图3—1　发动机外形

1. 内燃机

内燃机（见图3—2），是一种动力机械，它是通过使燃料在机器内部燃烧，并将其放出的热能直接转换为动力的热力发动机。

图3—2　内燃机

广义上的内燃机不仅包括往复活塞式内燃机、旋转活塞式发动机和自由活塞式发动机，也包括旋转叶轮式燃气轮机、喷气式发动机等，但通常所说的内燃机是指活塞式内燃机。

活塞式内燃机以往复活塞式最为普遍。活塞式内燃机将燃料和空气混合，在其气缸内燃烧，释放出的热能使气缸内产生高温高压的燃气，燃气膨胀推动活塞做功，再通过曲柄连杆机构或其他机构将机械能输出，驱动从动机械工作。

内燃机常见的有柴油机和汽油机，通过将内能转化为机械能，是通过做功改变内能。

2. 燃气轮机

燃气轮机（见图3—3）是以连续流动的气体为工作介质带动叶轮高速旋转，将燃料的能量转变为有用功的内燃式动力机械，是一种旋转叶轮式热力发动机。

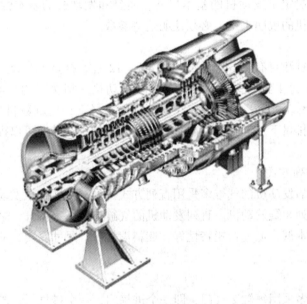

图3—3　燃气轮机

燃气轮机的工作过程是：压气机（即压缩机）连续地从大气中吸入空气并将其压缩；压缩后的空气进入燃烧室，与喷入的燃料混合后燃烧，成为高温燃气，随即流入燃气涡轮中膨胀做功，推动涡轮叶轮带着压气机叶轮一起旋转；加热后的高温燃气的做功能力显著提高，因而燃气涡轮在带动压气机的同时，尚有余功作为燃气轮机输出机械能。燃气轮机由静止启动时，需用启动机带着旋转，待加速到能独立运行后，启动机才脱开。

燃气轮机的工作过程是最简单的，称为简单循环；此外，还有回热循环和复杂循环。燃气轮机的工作介质来自大气，最后又排至大气，是开式循环；此外，还有工作介质被封闭循环使用的闭式循环。燃气轮机与其他热机相结合的称为复合循环装置。

燃气初温和压气机的压缩比，是影响燃气轮机效率的两个主要因素。提高燃气初温，并相应提高压缩比，可使燃气轮机效率显著提高。

3. 往复式发动机

往复式发动机也叫活塞发动机，是一种利用一个或者多个活塞将压力转换成旋转动能的发动机，也是一种将活塞的动能转化为其他机械能的机械，主要利用燃料燃烧产生的热能通过液体（如水）或气体的膨胀，从而推动活塞，将热能转化为动能的机械。往复式发动机主要分为外部燃料发动机（如蒸汽机、斯特林发动机等）和内燃机（现在汽车、船舶的主要动力），内燃机又可细分为柴油机、汽油机、气体燃料发动机等。

4. 发动机参数

发动机参数（engine specification）是指表述发动机基本构造的参数，如气缸数目、气缸排列方式、气缸直径、活塞行程、压缩比、发动机排量以及规定的发火次序、配气相位等。这些参数决定了发动机的基本尺寸，而且和发动机的基本性能有着直接的关系。因此，在发动机的说明书中，必须注明这些参数。

（1）气缸数目

发动机常用气缸数目有 3、4、5、6、8、10、12 缸。排量 1 L 以下的发动机常用 3 缸，1～2.5 L 一般为 4 缸发动机，3 L 左右的发动机一般为 6 缸，4 L 左右为 8 缸，5.5 L 以上用 12 缸发动机。一般来说，在同等气缸直径下，气缸数目越多，排量越大，功率越高；在同等排量下，气缸数目越多，气缸直径越小，转速可以提高，从而获得较大的提升功率。

（2）气缸的排列方式

一般 5 缸以下的发动机的气缸多采用直列方式排列，少数 6 缸发动机也有直列方式的，过去也有过直列 8 缸发动机。直列发动机的气缸体呈一字排开，缸体、缸盖和曲轴结构简单，制造成本低，低速扭矩特性好，燃料消耗少，尺寸紧凑，应用比较广泛，缺点是功率较低。

（3）气门数

国产发动机大多采用每缸 2 气门，即一个进气门、一个排气门。国外发动机普遍采用每缸 4 气门结构，即 2 个进气门、2 个排气门，提高了进、排气的效率，同时气门的重量也减小，有利于提高发动机转速和功率。国外有的公司开始采用每缸 5 气门结构，即 3 个进气门、2 个排气门，主要作用是加大进气量，使燃烧更加彻底。气门数量并不是越多越好，5 气门确实可以提高进气效率，但是结构极其复杂，加工困难，采用较少。

（4）排气量

气缸工作容积是指活塞从上止点到下止点所扫过的气体容积，又称为单缸排量，它取决于气缸直径和活塞行程。发动机排量是各缸工作容积的总和，一般用 L 来表示。发动机排量是最重要的结构参数之一，它比气缸直径和气缸数目更能代表发动机的大小，发动机的许多指标都与排气量密切相关。

（5）最高输出功率

最高输出功率一般用马力（ps）或千瓦（kW）来表示。发动机的输出功率与转速关系很大，随着转速的增加，发动机的功率也相应提高，但是到了一定的转速以后，功率反而呈下降趋势。一般在使用说明书中最高输出功率同时用每分钟转速（r/min）来表示，如100PS/5 000 r/min，即在5 000 r/min 时最高输出功率100 PS。

（6）最大扭矩

发动机从曲轴端输出力矩，扭矩用 N·m 表示。最大扭矩一般出现在发动机的中、低转速范围，随着转速的提高，扭矩反而会下降。

5. 发动机的结构

虽然发动机类型和结构型式不同，具体构造多种多样，但其基本构造相同。为保证发动机能够连续工作，实现能量转换，根据各组成部分的作用不同，发动机主要包括机体组件与曲柄连杆机构、换气系统、燃料供给系统、润滑系统、冷却系统、启动系统（汽油机）和点火系统，如图3—4 所示。

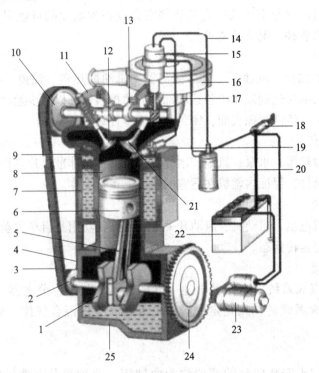

图3—4　发动机总体结构

1—曲轴　2—曲轴正时带轮　3—正时齿轮带　4—曲轴箱　5—连杆　6—活塞　7—冷却水套
8—气缸　9—气缸盖　10—凸轮轴正时带轮　11—摇臂　12—排气门　13—凸轮轴
14—高压导线　15—分电器　16—空气滤清器　17—化油器　18—点火开关　19—火花塞
20—点火线圈　21—进气门　22—蓄电池　23—发动机　24—飞轮　25—油底壳

（1）机体组件与曲柄连杆机构

机体组件包括机体、气缸盖、气缸套、油底壳等。机体组件是发动机的骨架，所有的运动部件和系统都支撑和安装在它上面。曲柄连杆机构主要由活塞、连杆、曲柄及飞轮等组成。其功能是将活塞的往复运动转变为曲轴的旋转运动，并将作用在活塞顶部的燃气压力转变为曲轴的转矩输出。

（2）换气系统

换气系统由空气滤清器、进排气管道、配气机构、消音灭火器等组成。其功用是：定时开关进、排气门，实现气缸的换气；过滤空气中的杂质，保证进气清洁；降低排气噪声。

（3）燃油供给系统

根据发动机所用的燃料不同，燃油供给系统分为柴油机燃油供给系统和汽油机燃油供给系统。

柴油机燃油供给系统主要由燃油箱、燃油滤清器、输油泵、燃油泵、喷油器等组成。其功能是定时、定量、定压地向燃烧室内喷入雾化柴油，并创造良好的燃烧条件，满足燃烧过程的需要。

汽油机燃油供给系统主要由燃油箱、燃油滤清器、输油泵、化油器或汽油喷射系统组成，其功用是将汽油与空气按一定的比例混合成各种浓度的可燃混合气体卷入燃烧室，以满足汽油机各种工况下的要求。

（4）润滑系统

润滑系统由集滤器、机油泵、机油滤清器、机油散热器、油道、机油压力表等组成。其功用是将机油压送到发动机各运动部件的摩擦表面，以减少运动部件的摩擦和磨损，带走摩擦热量，清洗摩擦表面，密封和防止零件锈蚀。

（5）冷却系统

冷却系统由散热器、水泵、风扇、水套、节温器、机体散热片等组成。冷却系统的功用是冷却受热机件，保证内燃机在适宜的温度下正常工作。

（6）启动系统

启动系统由蓄电池、启动机、启动开关等组成。其功用是启动发动机，使发动机由静止状态转入稳定运转状态。

（7）点火系统

汽油机设有点火系统，它由蓄电池、发电机、调节器、分电器、点火线圈、火花塞等组成。点火系统的功用是定时产生电火花，点燃混合气体。柴油机没有点火系统。

6. 曲轴箱

气缸体下部用来安装曲轴的部位称为曲轴箱，曲轴箱分上曲轴箱和下曲轴箱。上曲轴箱与气缸体铸成一体，下曲轴箱用来储存润滑油，并与上曲轴箱封闭成一体，故又称为油底壳。油底壳受力很小，一般采用薄钢板冲压而成，其形状取决于发动机的总体布置和机油的容量。油底壳内装有稳油挡板，以防止汽车颠动时油面波动过大。油底壳底部还装有放油螺塞，通常放油螺塞上装有永久磁铁，以吸附润滑油中的金属屑，减少发动机的磨损。在上、下曲轴箱接合面之间装有衬垫，用于防止润滑油泄漏。

7. 气缸盖

气缸盖（见图3—5）是引擎的盖子，也是封闭气缸的机件，它包括水套、气门及冷却片。

图 3—5　气缸盖

8. 气缸垫

气缸垫（见图 3—6）位于气缸盖与气缸体之间，又称为气缸床。其功用是填补气缸体和气缸盖之间的微观孔隙，保证结合面处有良好的密封性，进而保证燃烧室的密封，防止气缸漏气和水套漏水。

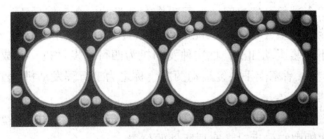

图 3—6　气缸垫

随着内燃机的不断强化，热负荷和机械负荷均不断增加，气缸垫的密封性越来越重要。对结构和材料的要求是：在高温高压和高腐蚀的燃气作用条件下具有足够的强度，耐热；不烧损或变质，耐腐蚀；具有一定的弹性，能补偿结合面的不平度，以保证密封；使用寿命长。

目前应用较多的有以下几种气缸垫：一种是金属－石棉气缸垫。这种石棉中间夹有金属丝或金属屑，且外覆铜皮或钢皮。这种钢垫厚度为 1.2~2 mm，有很好的弹性和耐热性，能反复使用；但强度较差，厚度和质量也不均匀。另一种是采用实心金属片制成。这种垫多用在强化发动机上，在轿车和赛车上多采用这种。这种衬垫在需要密封的气缸孔、水孔还有油孔周围冲压出一定高度的凸纹，利用凸纹的弹性变形来实现密封。

此外，还有采用中心用编制的钢丝网或有孔钢板为骨架两边用石棉及橡胶黏结剂压成的气缸盖衬垫。

9. 发动机型号的含义

发动机型号是发动机生产企业按照有关规定、企业或行业惯例以及发动机的属性，为某一批相同产品编制的识别代码，用以表示发动机的生产企业、规格、性能、特征、工艺、用途和产品批次等相关信息。

作为拖拉机、农用汽车动力部分的发动机，均为往复活塞式内燃机。根据国家标准规定，内燃机型号由阿拉伯数字和汉语拼音字母或象形字组成，其特征符号为：Q——

单元 3

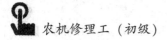

汽车用，C——船用，T——拖拉机用，J——铁路牵引用，Z——增压，F——风冷（无 F 为水冷）。

编制规则如下：

195 型柴油机——单缸、四冲程、气缸直径 95 mm、水冷、通用型；

165F 型柴油机——单缸、四冲程、气缸直径 65 mm、风冷、通用型；

4115T 型柴油机——四缸、四冲程、气缸直径 115 mm、水冷、拖拉机用。

10. 发动机的工作过程

发动机是一种能量转换机构，它将燃料燃烧产生的热能转变成机械能。发动机的基本工作原理是：让燃料在气缸中燃烧，形成高温燃气，推动活塞，通过连杆使曲轴旋转，从而将热能转变成为机械能。

发动机的工作过程为：进气，把可燃混合气体（或新鲜空气）引入气缸；然后将进入气缸的可燃混合气体（或新鲜空气）压缩，压缩接近终点时点燃可燃混合气体（或将柴油高压喷入气缸内形成可燃混合气并引燃）；可燃混合气体着火燃烧，膨胀推动活塞下行，实现对外做功；最后排出燃烧后的废气。发动机的工作过程即进气、压缩、做功、排气四个过程。把这四个过程叫作发动机的一个工作循环，工作循环不断地重复，就实现了能量转换，使发动机能够连续运转。完成一个工作循环，曲轴转两圈（720°），活塞上下往复运动四次，称这种发动机为四行程发动机。完成一个工作循环，曲轴转一圈（360°），活塞上下往复运动两次，称之为二行程发动机。

（1）发动机常用术语

1）上止点。上止点是指发动机工作时，活塞在气缸内上下往复运动时，当活塞上行至最上端、距曲轴中心最远时活塞顶所处的位置。

2）下止点。活塞下行距曲轴中心最近时，活塞顶所处的位置称为下止点。

3）活塞行程。活塞从一个止点运动到另一个止点时所经过的距离，称为活塞的行程，常用 S 表示。即曲轴旋转半周，活塞运动一个行程。

4）燃烧室容积。活塞位于上止点时活塞顶至气缸盖下部的封闭空间称为燃烧室，燃烧室所占的容积称为燃烧室容积，用 V_c 表示。

5）气缸工作容积。活塞从上止点运动到下止点时所经过的空间容积称为工作容积（也称为气缸排量）用 V_h 表示，单位为 L，即：

$$V_h = \pi \left(\frac{D}{2}\right)^2 S \times 10^{-6}$$

式中　D——气缸直径，mm；

　　　S——活塞行程，mm。

6）气缸总容积。活塞在下行时，活塞顶部与气缸盖、气缸之间封闭的容积称为气缸总容积，用 V_a 表示。气缸总容积等于气缸工作容积与燃烧室容积之和，即：

$$V_a = V_h + V_c$$

7）压缩比。气缸总容积与燃烧室容积之比称为压缩比，用 ε 表示，即：

$$\varepsilon = \frac{V_a}{V_c} = \frac{(V_h + V_c)}{V_c} = 1 + \frac{V_h}{V_c}$$

单元 **3**

压缩比的大小反映了活塞从下止点运动到上止点时，气体在气缸内被压缩的程度，不同的发动机对压缩比的要求不同，柴油机的压缩比一般为 16～22，汽油机的压缩比一般为 6～11。

8）发动机排量。发动机各缸工作容积之和称为发动机的排量，用 V 表示，即：

$$V = V_\mathrm{h} i$$

式中　i——气缸数。

（2）单缸四冲程柴油机工作过程

单缸四冲程柴油机主要由缸体、气缸盖、进气门、排气门、喷油器、活塞、连杆、曲轴和飞轮等组成。气缸盖密封气缸顶部，进、排气门实现气缸的进气和排气。气缸内活塞通过连杆与曲轴连接，曲轴一端固定飞轮。活塞在气缸内的往复直线运动，通过连杆的传递而变成曲轴的旋转运动。而曲轴的旋转运动又可通过连杆使活塞作往复直线运动，其工作过程通过进气、压缩、做功、排气四个行程实现，如图 3—7 所示。

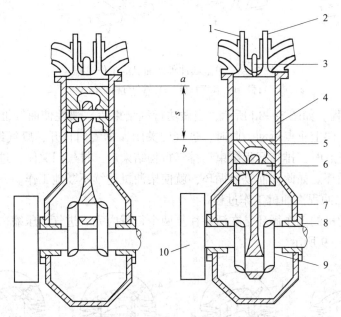

图 3—7　单缸四冲程柴油机示意图

1—排气门　2—进气门　3—喷油嘴　4—气缸　5—活塞
6—活塞销　7—连杆　8—主轴承　9—曲轴　10—飞轮
a—上止点　b—下止点　s—活塞行程

1）进气行程。如图 3—8a 所示，曲轴旋转并通过连杆带动活塞由上止点向下止点运动，气缸容积逐渐增大，压力降低。此时进气门打开，排气门关闭，新鲜空气经进气门被吸入气缸。活塞到达下止点时，进气门关闭，进气行程结束。

2）压缩行程。如图 3—8b 所示，曲轴继续转动，活塞由下止点向上止点运动，此时进、排气门均关闭，气缸内的空气被压缩，其压力和温度升高。当活塞到达上止点时，压缩行程结束。

3）做功行程。如图3—8c所示，当压缩行程接近终了，活塞即将到达上止点时，高压柴油雾状喷入高温高压空气中，油雾迅速着火燃烧，使气缸内温度和压力急剧升高，迅速膨胀的高温高压气体推动活塞下行，并带动曲轴转动。随着活塞的下行，气缸内压力和温度逐渐下降，当活塞到达下止点时，做功行程结束。

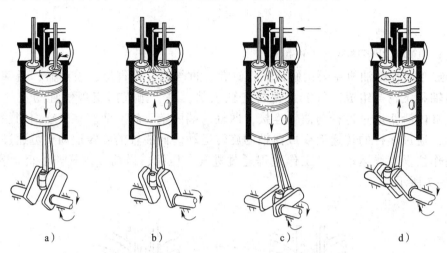

图3—8　单缸四冲程柴油机的工作过程

a）进气行程　b）压缩行程　c）做功行程　d）排气行程

4）排气行程。如图3—8d所示，当做功行程结束后，惯性使曲轴继续转动，并带动活塞由下止点向上止点运动，此时，进气门关闭，排气门打开，废气经排气门排出，当活塞到达上止点时，排气行程结束。排气行程结束后，排气门关闭，进气门打开，开始下一个工作循环。如此周而复始循环，就使柴油机连续不断地工作。

（3）单缸二冲程汽油机工作过程

二行程发动机的工作循环是在活塞往复两个行程内完成进气、压缩、做功和排气四个过程，如图3—9所示。

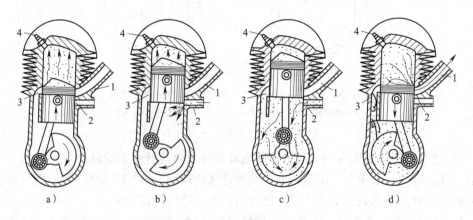

图3—9　二冲程汽油机的工作过程

a）压缩　b）进气　c）做功　d）排气

1—排气孔　2—进气孔　3—扫气孔　4—火花塞

1）第一行程。当曲轴带动活塞由下止点向上止点运动时，起初排气孔和扫气孔开着，曲轴箱中的混合气体继续进入气缸中，残余废气继续被驱出气缸，如图 3—9a 所示；当活塞上行至关闭扫气孔和排气孔后，已进入气缸的混合气体开始被压缩，压力和温度升高；同时在活塞上行中，曲轴箱产生吸力，并在活塞上行至进气孔打开时将混合气体吸入曲轴箱，如图 3—9b 所示。

2）第二行程。当活塞接近上止点时，如图 3—9c 所示，火花塞产生电火花，点燃混合气体，高压燃气推动活塞由上止点下行做功。当活塞下行至关闭进气孔时，曲轴箱中可燃混合气体被压缩，当活塞再下行至打开排气孔时，先靠燃气自身的压力排气，做功同时结束；随后活塞下行至扫气孔打开，曲轴箱被压缩的可燃混合气体定向地吸入气缸，并协同扫出废气，如图 3—9d 所示。

活塞靠惯性越过下止点再上行时，又开始新的工作循环，如此周而复始地使内燃机持续工作。

（4）二冲程柴油机的工作过程

二冲程柴油机和二冲程汽油机工作类似，所不同的是，柴油机进入气缸的不是可燃混合气体，而是纯空气。例如，带有扫气泵的二冲程柴油机的工作过程如图 3—10 所示。

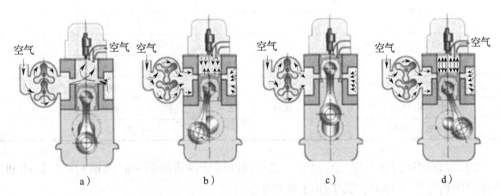

图 3—10　二冲程柴油机的工作过程
a）换气　b）压缩　c）燃烧　d）排气

1）第一行程。活塞从下止点向上止点运动，行程开始前不久，进气孔和排气门均已开启，利用从扫气泵流出的空气使气缸换气。当活塞继续向上运动，进气孔被关闭，排气门也关闭，空气受到压缩，当活塞接近上止点时，喷油器将高压柴油以雾状喷入燃烧室，燃油和空气混合后燃烧，使气缸内压力增大。

2）第二行程。活塞从上止点向下止点运动，开始时气体膨胀，推动活塞向下运动，对外做功，当活塞下行到大约 2/3 行程时，排气门开启，排出废气，气缸内压力降低，进气孔开启，进行换气，换气一直延续到活塞向上运动 1/3 行程，进气孔关闭，行程结束。

（5）多缸四行程发动机工作过程

1）四缸四冲程柴油机工作过程。如图 3—11 所示为四缸四冲程柴油机的工作示意图。

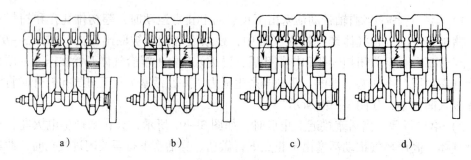

图 3—11　四缸四冲程柴油机工作示意图

a) 曲轴第一个半圈　b) 曲轴第二个半圈　c) 曲轴第三个半圈　d) 曲轴第四个半圈

发动机四个气缸的活塞连杆共用一根曲轴，其中第一缸和第四缸的曲柄处在同一方向，第二缸和第三缸的曲柄处在同一方向，两个方向相互错开180°。每个气缸各自完成其工作循环的各个过程，即进气、压缩、做功和排气。但各缸完成同一工作过程都有固定的顺序，这个顺序称为发动机的工作顺序。四缸柴油机的工作顺序一般为1→3→4→2，其工作过程见表3—1。

表3—1　　　　　　　　　　　四缸四冲程柴油机工作过程

曲轴转角	气缸号				图示
	1	2	3	4	
第一个半圈（0°~180°）	做功	排气	压缩	进气	a
第二个半圈（180°~360°）	排气	进气	做功	压缩	b
第三个半圈（360°~540°）	进气	压缩	排气	做功	c
第四个半圈（540°~720°）	压缩	做功	进气	排气	d
气缸工作顺序	1→3→4→2				

2）二缸四冲程柴油机工作过程。二缸四冲程柴油机的第一缸曲柄和第二缸曲柄的所在方向相互错开180°，其工作过程见表3—2。

表3—2　　　　　　　　　　二缸四冲程柴油机工作过程

工作顺序	1→2→0→0		1→0→0→2	
曲轴转角	各缸工作过程		各缸工作过程	
	一缸	二缸	一缸	二缸
第一个半圈（0°~180°）	做功	压缩	做功	排气
第二个半圈（180°~360°）	排气	做功	排气	进气
第三个半圈（360°~540°）	进气	排气	进气	压缩
第四个半圈（540°~720°）	压缩	进气	压缩	做功

11. 发动机的主要性能指标

（1）有效扭矩

发动机飞轮上对外输出的旋转扭矩叫作有效扭矩，单位为 N·m。它是指燃料在气

单元
3

缸中燃烧做功所产生的力矩，除了克服各部分摩擦阻力和驱动辅助装置（如水泵、油泵、风扇、发电机等）所消耗的力外，最后经曲轴传到飞轮上可供外界使用的扭矩。

（2）燃油消耗率

发动机每发出 1 kW 有效功率在 1 h 内所消耗的燃油量称为燃油消耗率，简称比油耗，单位是 g/（kW·h）。

二、曲柄连杆机构

曲柄连杆机构（见图3—12）是往复式内燃机的主要工作机构。曲柄连杆机构是发动机实现工作循环，完成能量转换的主要运动部件。在做功行程，它将燃料燃烧产生的热能通过活塞往复运动、曲轴旋转运动而转变为机械能，对外输出动力；在其他行程，则依靠曲柄和飞轮的转动惯性，通过连杆带动活塞上下运动，为下一次做功创造条件。

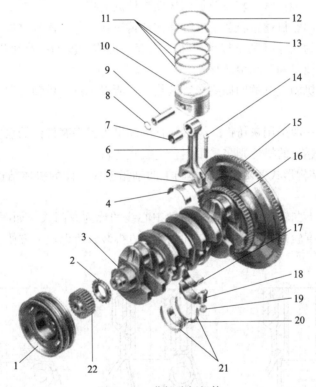

图 3—12　曲柄连杆机构

1—带轮　2—曲轴链轮　3—曲轴　4—主轴承上轴瓦　5—连杆大头上轴瓦　6—连杆　7—连杆小头轴瓦

8—卡环　9—活塞销　10—活塞　11—油环　12—第一道气环　13—第二道气环　14—连杆螺栓

15—飞轮　16—转速传感器脉冲轮　17—连杆大头下轴瓦　18—连杆盖　19—连杆螺母

20—主轴承下轴瓦　21—止推片　22—曲轴正时齿带轮

1. 功用

实现能量转换，将燃料燃烧产生的热能转变为机械能；实现运动转换，将活塞的往复直线运动转变为曲轴的旋转运动，反之将曲轴的旋转运动转变为活塞的往复直线运动。

2. 构造

曲柄连杆机构由机体零件组、活塞连杆组和曲轴飞轮组三大部分组成，即机体零件组、活塞连杆组和曲轴飞轮组。其中，机体零件组主要由气缸盖、气缸垫、气缸套、机体和下曲轴箱（油底壳）等零部件组成。活塞连杆组主要由活塞、活塞环、活塞销、连杆、连杆轴瓦和连杆螺栓等组成。曲轴飞轮组主要由曲轴、飞轮、启动爪、V形带轮、曲轴正时齿轮和挡油盘等组成。

（1）机体零件组

机体由气缸体、曲轴箱及油底壳等组成。机体是内燃机的骨架，内燃机的所有零件和附件几乎都要装在它上面。

缸体和曲轴箱在内燃机工作时，要承受缸内气体压力和惯性力。因此要求它们具有足够的刚度，以防止发生变形。因为如果发生变形会破坏各重要配合表面的相互位置，从而导致内燃机不能正常运转以及加剧运动部件的磨损。

多缸水冷式内燃机通常将各个气缸整体地铸造在一起，而气缸体和上曲轴箱一般也不分开铸造，因为这样有利于提高机体的刚度。机体刚度的提高可以使铸件的壁厚减薄，减轻机体的质量和节约金属材料。

风冷式内燃机因气缸的四周要布置散热片，所以气缸多单独铸造，然后通过螺栓与上曲轴箱连接。

机体的材料一般采用灰铸铁。少数强化柴油机为了提高机体的强度，也有用球墨铸铁的。风冷式内燃机的机体则多采用铝合金或灰铸铁。

1）机体的结构形式。对于气缸体与上曲轴箱连成一体的机体结构形式，通常有以下三种：

①龙门式。上曲轴箱的底面低于曲轴中心线的称为龙门式，如图3—13a所示。这种形式的机体刚度较好，曲轴仍可在气缸体下方拆装，所以较为方便，因此在内燃机中应用较广。

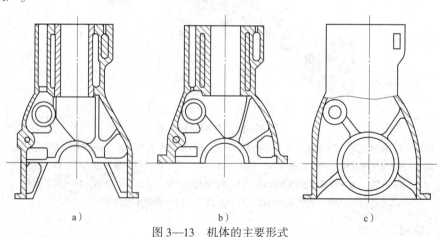

a)   b)   c)

图3—13　机体的主要形式
a）龙门式　b）平分式　c）隧道式

②平分式。上曲轴箱的底平面与曲轴中心线在同一平面上的称为平分式，如图3—13b所示。这种形式的优点是加工和曲轴的拆装都比较方便，但刚度差，因此对刚度

单元
3

要求不高的车用汽油机采用这种形式较多。

③隧道式（见图3—13c）。这种形式的特点是安装曲轴主轴承的孔没有剖分（所以多采用滚动轴承），支承的刚度最好；但曲轴必须在装好主轴承后，再从气缸体后端装入，因而拆装不方便。

如图3—14所示为一种龙门式气缸体的构造实例，由图可见，气缸体是一个复杂的铸件。在它的内部和外部有许多孔和凸台，以形成润滑油道、冷却水道和安装各种附件。

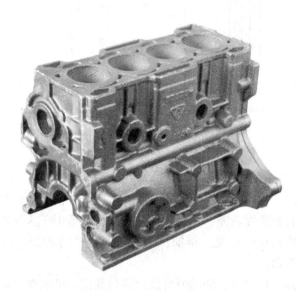

图3—14 气缸体

单元 **3**

2）气缸套。气缸体中用作活塞往复运动的内腔称为气缸。气缸内壁是活塞的导向装置。由于气缸在高温、高压、高的活塞相对运动速度以及润滑不良的情况下工作，磨损是很大的，因此应选择耐磨性好的材料。

气缸的基本形式有整体式和气缸套式两种。气缸套直接镗在气缸体上的叫整体式，如AK–10型启动机的气缸，其优点是刚度大。将气缸制成单独的圆筒形零件，然后再装到气缸体上的，叫作气缸套式。其优点是可以采用优质材料制造气缸套，用普通材料制造气缸体，从而可以既保证气缸耐磨又降低整机材料成本；此外，这种形式还便于气缸的加工和维修。

常用的气缸套有干式和湿式两种。

①干式气缸套（见图3—15a）。干式气缸套是壁厚为1~3 mm的薄壁圆筒，装入气缸体的圆柱形孔中。由于气缸套不直接与冷却水接触，因此它具有整体式气缸的优点，但也存在气缸体铸造工艺复杂的缺点。此外，对气缸套与气缸体配合的表面加工要求较高，这样可使两表面具有良好的配合以利于传热。

②湿式气缸套（见图3—15b）。湿式气缸套是一个壁厚大于5 mm的圆筒形零件，外圆柱面的上、下端均有凸出的圆环带用来与机体径向定位，下端还有2~3道环槽，以供安装耐热、耐油的橡胶密封圈，作为水封之用。气缸套上部边缘的下平面与机体中

座孔凸缘的上平面紧密贴合，作为轴向定位。气缸套装入座孔后，顶面略高出气缸体上平面约 0.05~0.15 mm。这样当紧固气缸盖螺栓时，可将气缸盖衬垫压得更紧，以保证气缸的密封性。

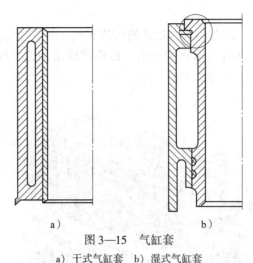

图 3—15　气缸套

a）干式气缸套　b）湿式气缸套

湿式气缸套的优点是冷却效果好，气缸体铸造比较方便，气缸套的装拆和维修也较方便。缺点是气缸套的刚性较差，密封失效时会漏水。但由于这种湿式气缸套的优点较多，所以在内燃机中应用较广泛。例如，一拖公司生产的 4125、LR100/105 系列柴油机用的就是湿式气缸套。

此外，为了提高气缸套内表面的耐磨性，提高其使用可靠性，常对气缸套表面进行镀铬、氮化及激光淬火处理等。

3）气缸盖和气缸垫

①气缸盖。气缸盖的主要功用是密封气缸的上平面，并与活塞顶部共同形成燃烧室空间。气缸盖内部有冷却水套，其端面上的冷却水孔与气缸体上端面的冷却水孔相通，以利用循环水来冷却燃烧室等高温部件。此外，气缸盖上还提供许多零部件的安装位置，如图 3—5 所示。气缸盖由于形状复杂，一般都采用灰铸铁或合金铸铁铸造。

气缸盖的结构形式有整体式和分段式。整体式即内燃机机体上各个气缸共用一个气缸盖，优点是结构紧凑、零件少。但受力不均匀，结构形式复杂，铸造废品率高。一拖公司的 4125 系列柴油机、LR100/105 系列柴油机所用气缸盖即为整体式。分段式可以是每个气缸单独用一个气缸盖，也可以是每两个或三个气缸共用一个气缸盖，如YC6105QC 是三缸一盖。分段式的优点是铸造方便，有利于产品系列化和通用化，但零件数目增多。

燃烧室由活塞顶部与气缸盖上相应的凹部空间组成。燃烧室的形状对内燃机的性能影响很大，这一点在以后章节中介绍。

进、排气道在气缸盖里占很大的空间，它对内燃机的换气质量有很大的影响，因其不需机械加工，所以铸造上要求尽量光滑，结构上要求有良好的流线型管道。

4125A4 型柴油机的气缸盖中各缸的进、排气道布置在气缸盖纵向中心线的相对两

单元 3

侧，但进气道口设计为第1、2缸共用1个，第3、4缸共用一个，均布置在气缸盖的顶面。

气缸盖螺栓是紧固气缸盖和气缸体的连接件，为了保证气缸盖能承受高压的燃气冲击和密封冷却水。气缸盖螺栓必须具有较高的预紧力，并且要使每个气缸盖螺栓的拧紧力矩是一致的，拧紧力矩不能过大，也不能过小，如4125A4柴油机的拧紧力矩为170～190 N·m。为了防止在拧紧过程中气缸盖翘曲变形，拧紧应按次序分2～3次完成。如图3—16所示为4125A4型柴油机拧紧气缸盖螺母的顺序。

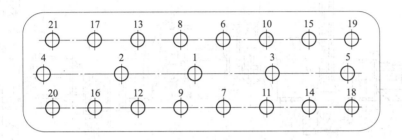

图3—16　4125A4型柴油机拧紧气缸盖螺母的顺序

②气缸垫。气缸垫（见图3—6）是气缸盖与气缸体结合面之间的弹性密封元件，其功用是保证结合面处有良好的密封。随着柴油机各项指标的不断强化，对气缸垫的密封性要求也越来越高，目前应用较多的是石棉加钢板结构，如B4125柴油机即采用这种结构。各气缸缸口均有钢片包边，内部衬有低碳钢丝，以提高封气效果。装配时检查气缸体上所有水孔、油孔位置应与气缸垫上所有水孔、油孔相吻合。

4）油底壳。油底壳（见图3—17）的作用是储存润滑油并封密曲轴箱。油底壳常用薄钢板冲制而成，对于拖拉机用发动机的油底壳则常用铸铁或铸铝，如4125A4柴油机的油底壳即为铸铁。有的油底壳还带有散热片用来加强对润滑油的冷却，防止润滑油温度过高。

5）发动机的支承。发动机一般通过气缸体和飞轮壳或变速器壳上的轴承支撑在车身上。

发动机的支承方法一般有三点支承和四点支承两种，如4125A4型柴油机即是三点支承，LR6105Q型柴油机为四点支承。其支承通常是通过弹性橡胶垫连接在车身上的。

（2）活塞连杆组

活塞连杆组由活塞、活塞环、活塞销、连杆、连杆盖、连杆螺栓、连杆瓦和曲轴齿轮等零件组成，如图3—18所示。活塞连杆组的功用是将活塞的往复运动变为曲轴的旋转运动。

图3—17　油底壳

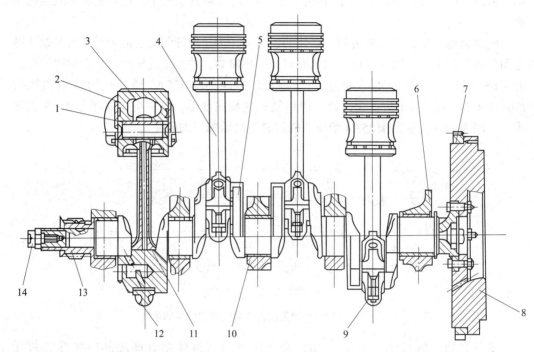

图 3—18 活塞连杆组

1—活塞销 2—活塞环 3—活塞 4—连杆 5—曲轴 6—止推轴瓦 7—飞轮齿圈 8—飞轮
9—连杆螺栓 10—主轴瓦 11—连杆瓦 12—连杆盖 13—曲轴齿轮 14—启动爪

单元
3

1）活塞。活塞在工作中受到很大的燃气压力和惯性力，并受高温燃气的加热作用，因此要求活塞强度高、质量轻、导热性好且耐磨。活塞一般用铝合金铸造，也有采用铸铁铸造的。铝活塞密度小（仅为铸铁的1/3）、导热性能好（热导率比铸铁高 1 ~ 2倍），但热胀率大、热强度低、抗磨性和抗蚀性较差。为了改善铝合金活塞的使用性能，目前广泛采用热膨胀系数较低的硅铝合金。为了提高耐磨性可对活塞表面进行阳极氧化处理，使活塞表面形成硬度很高的氧化膜，以减少硬粒引起的表面拉伤，而且氧化膜吸热能力较低，可减轻高温燃气对活塞顶的影响。

活塞的构造如图 3—19 所示，它基本上分为三部分，即顶部、头部（或称为环槽部）和裙部。

①活塞顶部。活塞顶部是燃烧室的组成部分，其形状根据燃烧室的要求而定。从减少活塞与高温燃气的接触面积以及制造工艺性来说，采用平顶或基本上接近平顶的活塞是有利的（见图 3—20），因此，在混流室、预燃室发动机上基本采用平顶或接近平顶的活塞。但是，在直喷式柴油机上，为了保证工作过程更有效地进行，一般均具有较复杂的形状，如盆形、球形或 W 形等。

②活塞环槽部分（头部）。在活塞环槽部分加工有几道环槽，如图 3—21 所示，上面的 2 ~ 3 环槽是安放气环用的，下面的一道环槽是安放油环用的。为了保护环槽，特别在环槽侧隙较大的情况下，可用比较耐热的材料制成环槽护圈，铸在第一道铝合金环槽里。这种金属必须与铝合金的膨胀系数相近，目前常用镍铬奥氏体铸铁制成。

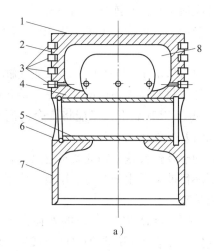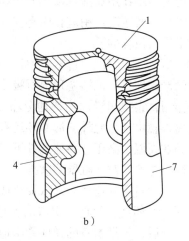

a）   b）

图 3—19 活塞的构造

1—活塞顶部 2—活塞头 3—活塞环（环槽） 4—活塞销座
5—活塞销 6—活塞销锁环 7—活塞裙 8—加强肋

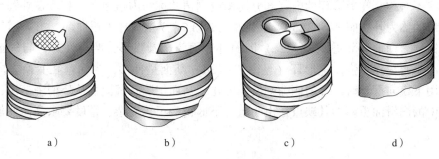

a）   b）   c）   d）

图 3—20 活塞顶部的形状

a）90 系列活塞 b）295 活塞 c）485 活塞 d）481 活塞

单元
3

活塞顶部吸收的热量主要是经过环槽部分通过活塞环传给气缸，再由气缸传出的；有些热负荷较大的发动机利用润滑油喷至活塞内壁上以冷却活塞。

③活塞裙部。活塞裙部是活塞在气缸中往复运动的导向部分。裙部的径向外形为椭圆形状，椭圆的长轴方向与活塞销座相垂直，其短轴在销座孔中心线平面内。

在内燃机运转过程中，活塞受到气体压力和热负荷的共同作用，使活塞销轴向变形量比活塞销径向大，所以在结构上保证活塞与气缸之间圆周间隙大致相等的情况下，将活塞裙部做成椭圆形。这样可使活塞在工作时接近正圆，防止活塞在气缸内卡住。有的活塞在销座处除去部分金属，制成凹陷形状，以减小活塞销座的热膨胀变形。

活塞的温度是上部高、下部低，因此膨胀量必然是上部大、下部小。为保证工作时活塞上、下直径趋于相等，结构上常将活塞制成上小下大。

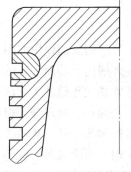

图 3—21 活塞环槽护圈

活塞销座是将作用在活塞顶部的气体压力经活塞销传给连杆。销座常用肋与活塞内壁相连，以提高其刚度。销座孔内有安放弹性卡环的卡环槽，卡环是用来防止活塞销在工作中发生轴向位移的。

2）活塞环。活塞环分气环与油环两种。气环的功用是与活塞一起保证气缸与活塞滑动配合的严密性，并把活塞顶部所吸收的大部分热量经气环传给气缸壁。油环起布油和刮油的作用，它把润滑油均匀地分布在气缸壁上以利润滑，又能将多余的润滑油刮去，以免窜入燃烧室。此外，活塞环还有支承活塞的作用。

活塞环在高温、高压、高速条件下工作，润滑条件又差，因此要求它具有良好的弹性和耐磨性，并希望对气缸壁的磨损小。活塞环目前多采用合金铸铁制造，为了提高表面耐磨性，通常对第一道气环采取镀铬或喷铝处理。

①气环。气环是一种具有切口的弹性环。它在自由状态时，环的外径大于气缸直径。装入气缸后，依靠本身的弹性紧密地与气缸壁贴合，而环与槽之间形成一个断面很小的曲折通道，起良好的密封作用。

气环常用的有矩形环、扭曲环、桶形环和梯形环。矩形环（见图3—22a）构造简单，制造方便，适宜大量生产，导热性能也好，目前应用较多。扭曲环（见图3—22b）断面形状不对称；在矩形环的内圆部分切槽或倒角的称为内扭曲环，相反在外圆部分切槽或倒角的称为外扭曲环。4125A4型柴油机的第2、3道气环为扭曲环，第一道气环为矩形镀铬环。桶形环（见图3—22c）断面外表面为凸圆弧形，磨合性好，与气缸壁接触面积小，密封作用强。梯形环（见图3—22d）断面呈梯形，当活塞在变换方向的侧向力作用下横向摆动时，环的侧隙则发生变化，从而把胶状沉淀物从环槽中挤出，并能使间隙中的润滑油更新。其缺点是由于上、下面精磨工艺复杂、精度要求高而使加工困难。

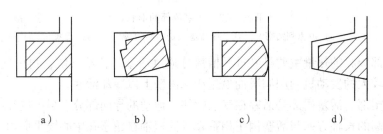

图3—22　气环断面形状
a）矩形环　b）扭曲环　c）桶形环　d）梯形环

气环的泵油作用如图3—23所示。活塞下行时，在气缸壁摩擦阻力作用下，气环紧靠在环槽的上端面，环的下部及内侧间隙被缸壁刮下的润滑油所充填；当活塞上行时，气环紧靠在环槽的下端面，润滑油被挤向环槽的上端面，最后被泵至燃烧室。

②油环。油环分为普通油环和组合油环两种，普通油环（见图3—24a）是目前采用得较多的一种。环的外圆柱面中间加工有凹槽，槽中钻有小孔或开有切槽。油环的刮油作用：当活塞向下移动时，油环将缸壁上多余的润滑油刮下，通过小孔或切槽流回曲轴箱；当活塞向上移动时，刮下的润滑油仍通过回油孔流回曲轴箱。

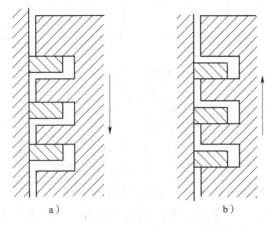

图3—23　气环的泵油作用示意图

a）活塞下行　b）活塞上行

组合油环如图3—24b所示，是一种由弹性衬环组成的组合式油环。轴向衬环2装夹在第二、三刮油片之间，径向衬环4使三片刮油片压紧在气缸壁上。这种环一是环片很薄，对缸壁的压力大，因而刮油作用强；二是刮油片各自独立，对气缸适应性好；三是回油通路大。因此，组合式油环在高速发动机上得到广泛的应用。

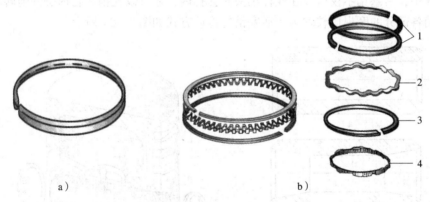

图3—24　油环

a）普通油环　b）组合油环

1、3—片簧　2—轴向衬环　4—径向衬环

4125型柴油机油环采用结构先进的螺旋衬环油环。

为了防止活塞环因受热膨胀而卡死，活塞装入气缸后，活塞环切口处应留一定的间隙，其大小因柴油机而异，一般为0.25~0.8 mm，4125型柴油机的闭口间隙为0.6~0.8 mm。间隙大了，漏气量增大，上窜润滑油；间隙过小，则可能导致断环、拉缸等事故。活塞环常用的有直切口、搭接切口及斜切口三种形式，如图3—25所示。

3）活塞销。活塞销的功用是将活塞和连杆（小头）连接起来，并将活塞承受的气体压力传给连杆。活塞销的工作条件十分恶劣，它承受周期性变化的很大的冲击力，而它的承压面积却很小，压力分布不均匀，销与活塞销座的相对转动角度很小，不易形成充分的

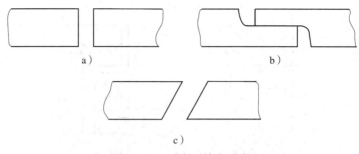

图 3—25 活塞环端头形式

a) 直切口　b) 搭接切口　c) 斜切口

油膜，加之温度较高，润滑条件不好。所以，活塞销要有足够的强度和刚度，外表面耐磨，整体韧性好，耐冲击。活塞销内孔的形状有圆柱形、组合形和两段截锥形，如图 3—26 所示。

　　活塞销一般用低碳钢或低碳合金钢制造，4125 型柴油机的活塞销采用 20CrMnMo 材料锻造，外表面渗碳淬火，达到很高的硬度。活塞销外圆柱面加工到很高的精度和很小的表面粗糙度值。为了减轻质量以降低惯性力，同时又不致变形，所以活塞销通常做成空心圆柱体。

　　活塞销与活塞销座孔和连杆小头衬套孔的连接配合一般多采用全浮式，即在发动机运转过程中，活塞销不仅可以在连杆小头衬套孔内，还可以在销座孔内缓慢地转动，以使活塞销各部分的磨损比较均匀。活塞销的连接方式如图 3—27 所示。

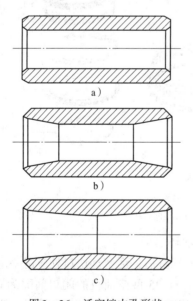

图 3—26 活塞销内孔形状

a) 圆柱形　b) 组合形　c) 两段截锥形

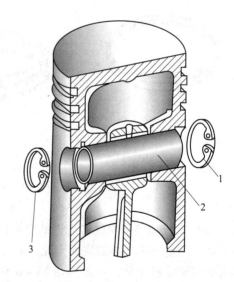

图 3—27 活塞销连接方式

1、3—卡环　2—活塞销

　　当采用铝活塞时，活塞销座的热膨胀量大于钢活塞销。为了保证高温工作时它们之间有正常的工作间隙（0.01 ~ 0.02 mm），在冷态下装配时，先将铝活塞放在温度为 70 ~ 90℃的水或润滑油中加热，然后将销装入。销的轴向定位靠卡环完成。

4）连杆。连杆的功用就是将活塞和曲轴连接起来，并将活塞往复运动变成曲轴的旋转运动。如图3—28所示为4125型柴油机的连杆。连杆承受活塞销传来的气体作用力以及本身摆动和活塞组往复运动时的惯性力，这些力的大小和方向都是周期性变化的，因此要求连杆在质量尽可能小的情况下有足够的刚度和强度。

连杆常由45、40Cr、40MnB等钢锻造而成，然后经过机械加工和热处理。连杆小头与活塞销相连，工作时小头与销之间有相对转动，因此小头孔中一般压入减摩的连杆衬套。连杆衬套的润滑一般是靠曲轴箱中飞溅的油雾，所以连杆左方往往开有集油孔，在衬套内表面开有布油槽。安装衬套时，必须注意对准油孔的位置。有些柴油机连杆采用压力油润滑，如4125A型柴油机，在连杆杆身上钻有油道，将连杆大头上的压力油引到衬套上而起润滑作用。

连杆杆身一般都做成I字形断面，以求在强度、刚度足够的前提下减小质量，并且有良好的锻造工艺性。连杆大头与曲轴的曲柄销相连，要求连杆大头具有足够的刚度，否则将影响连杆轴瓦的工作性能及连杆螺栓的可靠性，同时也要求有足够的强度。为了便于装配，连杆大头都做成分开式，被分开部分称为连杆盖，用螺栓、螺母连接紧固。连杆大头的剖面有两种形式：一种是平切口，如图3—28所示，剖面与连杆杆身成90°；另一种是斜切口，如图3—29所示，剖面与连杆轴线成30°～60°的夹角，一般采用45°的较多。这种形式使连杆大头的横向尺寸减小，曲柄销的直径可做得较大，当卸下连杆盖后，连杆能通过气缸套而便于拆装。

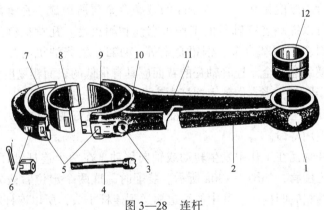

图3—28 连杆

1—连杆小头 2—杆身 3—连杆螺栓止动销 4—连杆螺栓 5—连杆和连杆盖配对号
6—连杆质量分组号 7—连杆盖 8—连杆下瓦 9—连杆上瓦 10—连杆大头 11—纵向深油孔 12—连杆衬套

连杆大端的组合还有严格的定位要求。平切口连杆盖与连杆的定位，是利用连杆螺栓上精加工出的圆柱凸台或光圆柱部分与经过精加工的螺栓孔来保证的。斜切口连杆常用的定位方法有止口定位、套筒定位和锯齿定位（见图3—29）。

4125A型柴油机的连杆采用45钢模锻而成，杆身为I字断面，杆身中钻有深油孔，将由曲轴来的压力油送到小头，以润滑连杆衬套和活塞销。其连杆大头孔的最后加工是将连杆螺栓、连杆盖和大头按规定的力矩拧紧，配对加工而成，并在分开面处的同一侧面打有配对记号，使装配时不致搞错。

单元
3

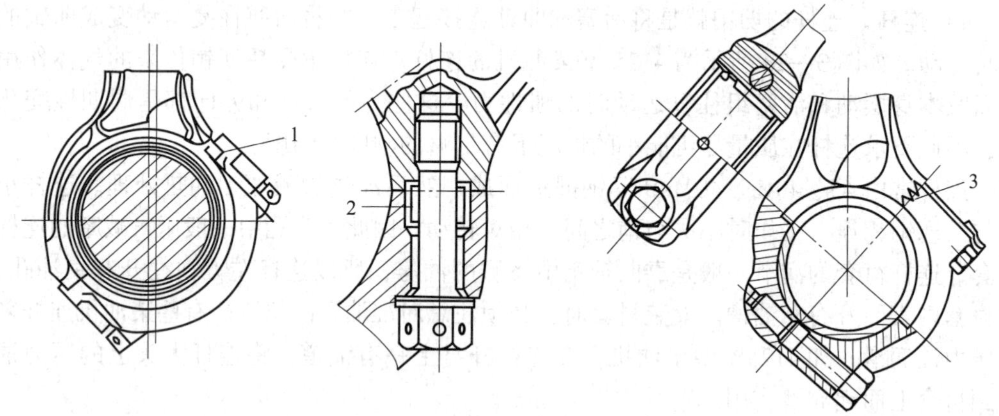

图3—29 斜切口连杆大头及定位方式
1—止口 2—套筒 3—锯齿

连杆螺栓用来连接连杆体与连杆盖，它承受交变载荷，极易引起疲劳破坏而断裂。所以一般采用韧性较好的优质碳素钢或优质合金钢制成，并进行热处理。连杆大头安装时，必须牢固可靠。连杆螺栓必须以工厂规定的拧紧力矩，分2、3次均匀地拧紧。为防止螺栓连接自行松脱，连杆螺栓处设有防松装置，常用的有开口销、锁片、铁丝和自锁螺母等。

在分开式连杆的大头孔内，装有两个分开式轴瓦，称为连杆轴瓦。连杆轴瓦一般由1～3 mm的薄瓦背与厚度为0.3～0.7 mm的减磨合金层所组成。瓦背薄有利于轴承向连杆大头导热，可以提高连杆轴承的工作可靠性和耐火性。瓦背材料为优质的轧制钢带，减磨层的材料多用铝基合金、铜铅合金等。4125A型柴油机的瓦背材料为10钢，减磨材料为铝锑镁耐磨合金。连轩轴瓦的背面应具有很低的表面粗糙度值。半个轴瓦在自由状态下不是半圆形，当它们装入连杆大头孔内时又有过盈，所以，连杆轴瓦能够均匀地紧贴在大头孔壁上，使它有很好地承受载荷并具有良好的导热能力，可以提高其工作可靠性和延长使用寿命。

为了防止连杆轴瓦在工作中发生转动或轴向移动，在两个连杆轴瓦的不同端面上，冲制高出背面的定位唇，如图3—30a所示。装配时，这两个定位唇被分别嵌入在连杆大头和连杆盖上的相应凹槽中。其中的油道输送到连杆小头，所以连杆的上半个轴瓦上有一个孔（见图3—30b）。

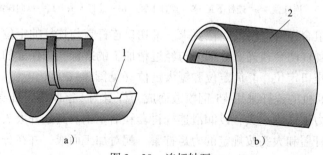

a) b)

图3—30 连杆轴瓦
1—定位唇 2—通油孔

连杆轴瓦与曲柄销之间有一定的配合间隙，间隙过大时，不仅会产生较大的冲击，而且润滑油膜也不易建立，因而导致连杆轴瓦磨损加速，甚至引起减磨合金层剥落；间隙过小时，间隙中的润滑油的流动阻力增大，流量减少，因而轴瓦散热不良，容易烧坏。

V 形发动机左右两侧对应两个气缸的连杆是支于同一个曲轴曲柄销上的，具体结构形式有下列三种：

①并列连杆式。相对应的左右两缸的连杆一前一后地装在同一个曲柄销上。左、右两缸连杆完全一样，可以通用，且运动规律相同。两列气缸轴线在曲轴轴向错开。

②主副连杆式（见图 3—31a）。一列气缸的连杆为主连杆，其大头直接安装在曲柄销全长上。另一列气缸的连杆为副连杆，其大头与对应的主连杆大头（或连杆盖）上的两个凸耳作铰链连接。这种结构的特点是，左右两列对应气缸中心线位于同一平面，主、副连杆不通用，运动规律也不同。

③叉形连杆式（见图 3—31b）。左右两列气缸的对应两个连杆中，一个连杆大头做成叉形，跨于另一个连杆的厚度较小的片形大头两端。这种结构的特点是，左右两列气缸轴线不需要在曲轴轴向错位，且连杆运动规律相同。

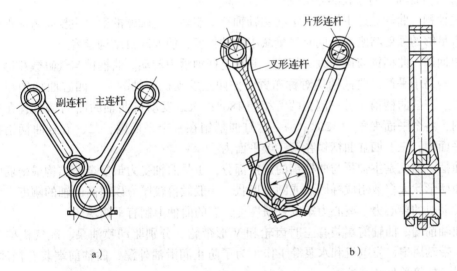

图 3—31　V 形发动机连杆形式

a）主副连杆　b）叉形连杆

（3）曲轴飞轮组

1）曲轴

①曲轴的功用和工作条件。曲轴的功用是把活塞的往复运动变为旋转运动，对外输出功率并用来驱动发动机各辅助系统工作。曲轴在发动机的工作中承受旋转质量的离心力、周期性变化的气体压力和往复惯性力的共同作用，使曲轴弯曲和扭转。为了保证曲轴工作可靠，要求曲轴具有足够的刚度和强度，各工作面要耐磨且润滑良好。曲轴一般用优质中碳钢或合金钢锻造而成，轴颈表面经精加工和热处理。为了节约钢材，降低成本，近年来也用高强度的球墨铸铁来铸造曲轴。4125A 型柴油机的曲轴用 45 钢锻造。

②曲轴的结构形式。曲轴可分为整体式与组合式两大类。整体式曲轴是将曲轴做成一个整体零件，其优点是具有较高的强度和刚度，结构紧凑，质量轻。目前拖拉机和汽车发动机上多采用此种曲轴，图3—32所示为4125A型柴油机的整体式曲轴。

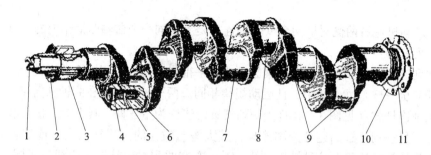

图3—32　整体式曲轴

1—启动爪　2—甩油盘　3—曲轴正时齿轮　4—螺塞　5—杂质分离臂
6—滤油孔　7—主轴颈　8—连杆轴颈　9—油孔　10—曲轴法兰　11—回油螺纹

③曲轴的构造。曲轴的形状比较复杂，它由主轴颈、曲柄销（连杆轴颈）、曲柄、曲轴前端和曲轴后端等五部分组成。

主轴颈。曲轴通过主轴颈支承在主轴轴承上旋转，主轴颈的数目主要是考虑保证曲轴具有足够的强度与刚度，同时尽量减小曲轴长度，使发动机结构紧凑。

曲柄销。曲柄销与连杆大头相连，并在连杆轴承中转动。曲柄销与气缸数相等，为了使曲柄易于平衡，曲柄销均对称布置。如四缸发动机曲轴的一、四缸曲柄销在同一侧，二、三缸曲柄销在另一侧，两者相差180°；六缸发动机曲轴的曲柄销布置在三个平面内，各个平面夹角为120°，一、六缸曲柄销在一个平面内，二、五缸曲柄销在第二个平面内，三、四缸曲柄销在第三个平面内。

曲柄。曲柄是主轴颈与曲柄销的连接部分，也是曲轴受力最复杂、结构最薄弱的环节。曲柄形状大多数制成椭圆盘或圆盘形状，一般做得较厚，以提高曲轴的刚度。为了平衡发动机的离心力、离心力矩以及惯性力，有的曲柄上制有平衡块。

曲轴前端。曲轴前端装有正时齿轮和V形带轮，分别驱动喷油泵、配气机构及机油泵，带动风扇、发电机和水泵等工作。为了防止润滑油外漏，曲轴前端装有挡油盘，在正时齿轮箱盖处装有油封。

曲轴后端。曲轴后端有安装飞轮用的凸缘。为了防止润滑油向后漏出，在曲轴后端通常切出回油螺纹或设封油装置。

2）飞轮。飞轮（见图3—33）的功用是储存和放出能量，帮助曲柄连杆机构越过上、下止点以完成辅助冲程，使曲轴旋转均匀。飞轮是一个铸铁圆盘，用螺钉固定在曲轴后端的接盘上，具有较大的转动惯量；为方便对配气机构及喷油泵的检查调整，飞轮边缘上刻有记号或在端面上钻有对位孔以表示活塞在气缸中的特定位置。

为了保证飞轮上标记的准确性以及曲轴飞轮组的平衡，曲轴与飞轮的连接必须有严格的定位，一般采用定位销定位。飞轮的轮缘还装有启动齿圈，齿圈采用热套法紧压在飞轮轮缘上。飞轮要经过平衡检验，以减小发动机运转时的振动。

单元 **3**

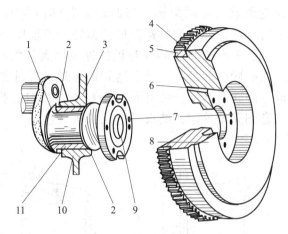

图 3—33　曲轴后端法兰和飞轮

1—曲轴止推肩　2—止推片　3—气缸体主轴承座　4—飞轮上止点定位孔　5—飞轮齿圈
6—斜甩油孔　7—定位螺栓孔记号"0"　8—离合器摩擦片接触面
9—离合器轴前轴承　10—主轴承盖　11—主轴瓦

三、配气机构

配气机构（见图 3—34）的功用是按照发动机每一气缸内所进行的工作循环和点火次序的要求，定时开启和关闭各气缸的进、排气门，使新鲜充足的空气得以及时进入气缸，废气得以及时从气缸排出；在压缩与膨胀行程中，保证燃烧室的密封。对于柴油机而言，新鲜充足的空气就是纯空气；而对于汽油机而言，是汽油和空气的混合气体。

单元 3

1. 功用

各式配气机构中，按其功用都可分为气门组和气门传动组两大部分。气门组包括气门及与之相关联的零件，其组成与配气机构的形式基本无关。气门传动组是从正时齿轮开始至推动气门动作的所有零件，其组成与配气机构的形式有关，它的功用是定时驱动气门使其开闭。

2. 构造

配气机构一般由气门组、气门传动组和驱动组三部分组成。

（1）气门组

主要由气门、气门导管、气门弹簧、弹簧座和气门锁片等组成。

（2）气门传动组

主要由摇臂、摇臂轴、调整螺钉、推杆、挺杆等组成。

（3）驱动组

主要由凸轮轴和正时齿轮等组成。

图 3—34　气门顶置式
配气机构

3. 工作原理

配气机构工作原理如图 3—35 所示。当发动机工作时，曲轴通过正时齿轮驱动凸轮轴旋转。当凸轮轴转到凸轮的凸起部分顶起挺杆时，挺杆推动推杆上行，推杆通过调整螺钉使摇臂绕摇臂轴摆动，克服气门弹簧的预紧力，使气门开启。随着凸轮凸起部分升程的逐渐增大，气门开度也逐渐增大，此时便进气或排气。当凸轮凸起部分的升程达到最大时，气门实现了最大开度。随着凸轮轴的继续旋转，凸轮凸起部分的升程逐渐减小，气门在弹簧张力的作用下，其开度也逐渐减小，直到完全关闭，结束了进气或排气过程。

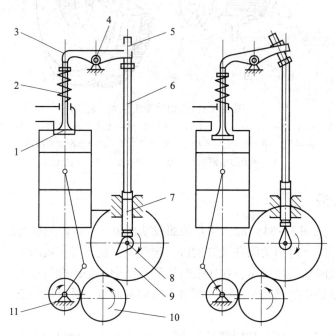

图 3—35　配气机构工作示意图

1—气门　2—气门弹簧　3—摇臂　4—摇臂轴　5—调整螺钉　6—推杆
7—挺杆　8—凸轮　9—凸轮轴定时齿轮　10—中间齿轮　11—曲轴正时齿轮

四、供给系统

1. 汽油机供给系统

（1）功用

储存一定数量的汽油，根据发动机各种工况的要求，为气缸提供一定数量和品质的可燃混合气体。

（2）构造

汽油机供给系统由油箱、汽油滤清器、输油泵、化油器、空气滤清器等组成，如图 3—36 所示。

（3）工作原理

当发动机工作时，在输油泵吸力的作用下，油箱中的汽油经油管被吸出，并通过滤清器送入化油器。汽油从化油器中喷出，并与来自空气滤清器的空气相混合、雾化，形成一定比例的可燃混合气体。然后经过进气管道吸入和分配给各气缸，从而完成了燃料供给。

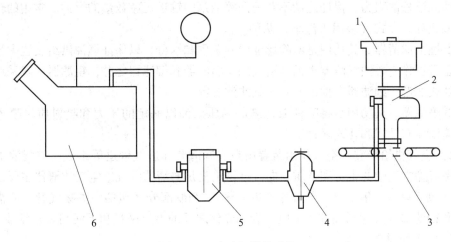

图3—36　汽油机供给系统

1—空气滤清器　2—化油器　3—进气管　4—输油泵　5—汽油滤清器　6—汽油箱

2. 柴油机供给系统

（1）功用

按发动机各种不同工况的要求，定时、定量、定压地把柴油喷入气缸，向气缸提供清洁空气与燃油混合，形成可燃混合气体。

（2）构造

柴油机供给系统主要由燃油供给装置、空气供给装置组成，如图3—37所示。

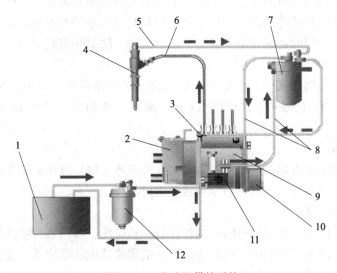

图3—37　柴油机供给系统

1—柴油箱　2—调速器　3—限压阀　4—喷油器　5—回油管　6—高压油管

7—柴油滤清器　8—低压油管　9—喷油泵　10—喷油提前器　11—输油泵　12—油水分离器

1）燃油供给装置。燃油供给装置由柴油箱、输油泵、低压油管、柴油滤清器、喷油泵、高压油管、喷油器和回油管等组成。

①输油泵。其功用是将燃油从油箱中吸出，并适当增压，以克服燃油供给系统管路

和燃油滤清器的阻力，保证连续不断地向喷油泵中输送足够数量的燃油。常用的输油泵有柱塞式和膜片式（多用于汽车）两种。

②燃油滤清器。其功用是清除燃油中的杂质和水分，以保证燃油供给装置中精密偶件的正常工作。燃油滤清器根据滤清效果有粗滤器和细滤器之分，粗滤器一般采用金属带缝隙式滤芯，细滤器有棉纱滤芯、纸质滤芯等。

③喷油器。其功用是将喷油泵送来的高压柴油以一定的压力和喷射质量喷入燃烧室。喷油器有针式和孔式两种。

2）空气供给装置。空气供给装置由空气滤清器和进气管道等组成。空气滤清器的功用是清除空气中的尘土和杂质，向气缸供给充足的清洁空气。空气滤清器主要由粗滤部分（包括罩帽、集尘罩、导流片和集尘杯）、细滤部分（包括中央吸气管、油盘和油碗）和精滤部分（包括装在中央吸气管和壳体之间的上滤网盘和下滤网盘）组成。

（3）工作原理

发动机工作时，气缸内的真空负压把空气经空气滤清器滤清后吸入各气缸，完成空气的供给工作；另外，在发动机的带动下，输油泵把柴油经过低压油管从柴油箱吸出并送往柴油滤清器，然后进入喷油泵，经喷油泵增压后的柴油，再经高压油管进入喷油器而直接喷入燃烧室与高温压缩空气混合并燃烧；最后气缸内燃烧的废气经过废气排出装置从气缸中排出。

五、润滑系统

润滑系统是指向润滑部位供给润滑剂的一系列的给油脂装置、排油脂装置及其附属装置的总称。其功用是将润滑油不断地供给各相对运动零件的摩擦表面，以减少摩擦阻力和零件的磨损，同时还起到对零件的冷却、清洗、防腐和密封作用。

1. 构造

润滑系统主要由油底壳、集滤器、机油泵、机油滤清器、机油散热器、各种阀门（限压阀、安全阀、回油阀）及监视设备（油尺、油温表、油压表）等组成，如图3—38所示。

（1）机油泵

机油泵的功用是将润滑油增压并输送到有关摩擦表面，以保证润滑油在系统内不断循环。常用的机油泵有齿轮式机油泵和转子式机油泵。

（2）机油滤清器

机油滤清器的功用是清除机油中的各种杂质和胶质，从而减少零件的磨损，防止油道堵塞，延长机油的使用期限。机油滤清器有纸质滤芯机油滤清器、金属带缝隙式机油粗滤器、离心式机油细滤器多种。

2. 工作原理

发动机工作时，油底壳内的润滑油经集滤器被机油泵吸上来后分成两路：一路（少部分机油）进入细滤器，经过滤清后流回油底壳。另一路（大部分机油）进入粗滤器，滤清后的机油，在温度高时（夏季）经过转换开关进入机油散热器，冷却后的机油进入主油道；当机油温度低（冬季）不需要散热时，可转动转换开关，使从粗滤器

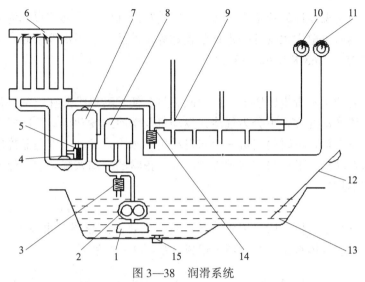

图3—38　润滑系统

1—集滤器　2—机油泵　3—限压阀　4—转换开关　5—旁通阀
6—机油散热器　7—机油粗滤器　8—机油细滤器　9—主油道　10—机油压力表
11—机油温度表　12—机油标尺　13—油底壳　14—回油阀　15—放油螺塞

流出的机油不通过机油散热器而直接进入主油道。主油道把润滑油分配给各分油道，进入曲轴的主轴颈和凸轮轴的主轴颈，同时主轴颈的润滑油经曲轴上的斜油道，进入连杆轴颈。经分油道进入气缸盖上摇臂支座的润滑油润滑摇臂轴及装在其上的摇臂。主油道中还有一部分润滑油流至正时齿轮箱，润滑正时齿轮。最后润滑油经各部位间隙返回油底壳。

3．对润滑系统的基本要求

（1）保证均匀、连续地对各润滑点供应一定压力的润滑剂，油量充足，并可按需要调节。

（2）工作可靠性高。采用有效的密封和过滤装置，保持润滑剂的清洁，防止外界环境中的灰尘、水分进入系统，并防止因泄漏而污染环境。

（3）结构简单，尽可能标准化，便于维修及高速调整，便于检查及更换润滑剂，起始投资及维修费用低。

（4）带有工作参数的指示、报警、保护及工况监测装置，能及时发现润滑故障。

（5）当润滑系统需要保证合适的润滑剂工作温度时，可加装冷却及预热装置以及热交换器。

六、冷却系统

发动机的冷却必须适度。若发动机冷却不足，会使气缸充气量不足和出现早燃和爆燃等不正常的现象，发动机功率将下降，且发动机零件也会因润滑不良而加速磨损。但若冷却过度，一方面由于热量散失过多，使转变成有用功的热量减少；另一方面由于混合气体与冷缸壁接触，使其中原已气化的燃油又凝结并流到曲轴箱内，不仅增加了燃油消耗，且使机油变稀影响润滑，结果也将使发动机功率下降，磨损加剧。因此，冷却系统的任务就是使工作中的发动机得到适度的冷却，从而保持在最适宜的温度范围内工作。

发动机中使高温零件的热量直接散入大气进行冷却的一系列装置称为风冷系。使热量先传给水，然后再散入大气的一系列装置称为水冷系。采用水冷系时，应使气缸盖内的冷却水温在 353~363 K（80~90℃）。

1. 功用

冷却系统的功用是带走因燃烧所产生的热量，使发动机维持在正常的运转温度范围内。发动机依照冷却的方式可分为气冷式发动机及水冷式发动机，气冷式发动机是靠发动机带动风扇及车辆行驶时的气流来冷却发动机，水冷式发动机则是靠冷却水在发动机中循环来冷却发动机。不论采用何种方式冷却，正常的冷却系统必须确保发动机在各种行驶环境下都不致过热。

2. 构造

拖拉机、汽车发动机一般采用水冷却系统，主要由散热器、水泵、风扇、百叶窗、护风罩、分水管、缸体水套、节温器等组成，如图 3—39 所示。

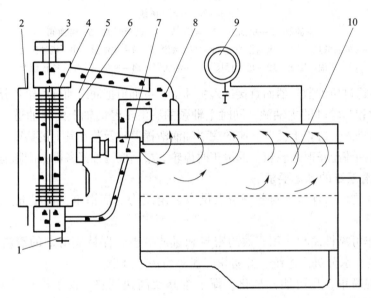

图 3—39　水冷却系统

1—放水开关　2—百叶窗　3—散热器盖　4—散热器
5—护风罩　6—风扇　7—水泵　8—节温器　9—水温表　10—水套

（1）散热器

散热器主要由上水室、下水室、散热器片、水箱盖（空气蒸气阀）和散热器芯等组成。

（2）水泵

水泵主要由壳体、叶轮、水泵轴等组成。

（3）风扇

风扇一般采用轴流式，装在散热器后边，固定在轮毂上。

3. 工作原理

当发动机开始工作时，曲轴通过装在它前端的带轮带动水泵及风扇旋转。水泵将散热器中的冷却水从下水室抽出，并以一定的压力送入气缸体水套中。冷却水再沿气缸体水套上升，经过水孔进入气缸盖水套中，最后温度较高的水经节温器及管路回到散热器的上水室。然后沿着散热器中的散热管向下水室流动，此时水把热量传给散热片，在空气的吹拂下，热量散入大气中，水温下降。冷却水不断地循环流动，从而使发动机维持在正常温度下工作。

七、启动装置

1. 功用
启动装置的功用是将发动机由静止状态转变为工作状态，实现发动机启动。

2. 启动方法
常用的启动方法有人力启动、电动机启动、降压启动（变换式启动）和启动机启动四种。

3. 构造
4125A4 型柴油机的启动装置由 AK－10 型启动机和动力传动机构两部分组成，动力传动机构包括离合器、减速器和自动分离机构。AK－10 型启动机的构造如图 3—40 所示。

单元
3

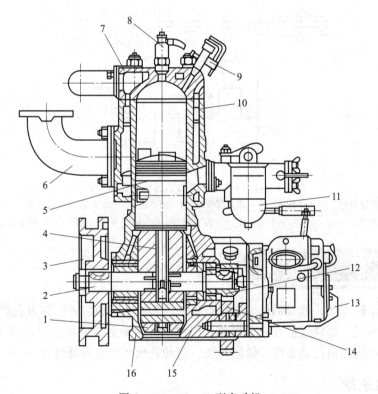

图 3—40　AK－10 型启动机

1—曲柄　2—曲轴　3—飞轮　4—连杆　5—活塞

6—排气管　7—气缸盖　8—火花塞　9—加油阀　10—气缸体　11—化油器

12—曲轴齿轮　13—调速器　14—中间传动齿轮　15—曲轴箱前半部　16—曲轴箱后半部

4. 工作原理

AK - 10 型启动传动路线如图 3—41 所示。启动前操纵自动分离机构 8 手柄，使接合齿轮 9 与发动机飞轮齿圈 7 完全啮合，并使减速器位于低挡位置，离合器处于分离状态。当启动机启动后，通过离合器 5 的操纵手柄，使启动机与发动机平稳结合，此时发动机处于预热状态。发动机预热后，通过操纵离合器手柄，切断启动机和发动机的动力，然后使减速器位于高挡位置，再接合离合器，使启动机带动发动机高速旋转，此时供油，发动机便启动。当发动机启动以后，其转速迅速升高，当达到一定转速后，自动分离机构 8 迅速使接合齿轮 9 后退，而与发动机飞轮齿圈分离，从而切断发动机与启动机间的动力传递。

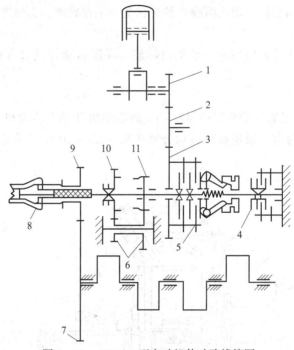

图 3—41　AK - 10 型启动机传动路线简图

1—曲轴齿轮　2—中间齿轮　3—离合器齿轮　4—制动器　5—离合器　6—减速器中间齿轮
7—发动机飞轮齿圈　8—自动分离机构　9—接合齿轮　10—减速器滑动齿轮　11—减速器主动齿轮

第二节　底盘

在农用运输车上，除发动机和电气设备外，其他系统和装置统称为底盘。底盘将发动机和各个系统、部件连接成一个整体，把发动机的动力转变成农用运输车的驱动力。农用运输车的底盘由传动系统、转向系统、制动系统和行走系统组成。

一、传动系统

传动系统是发动机与驱动轮之间所有传动件的总称，它的基本功用是将发动机的动力传到驱动轮，它应满足以下各项要求：

减速增扭。农用运输车发动机的转速高、扭矩小，驱动轮的要求与此相反，因此，

单元
3

传动系统必须完成减速增扭任务。

变速变扭。农用运输车在各种不同的作业或行驶条件下，对驱动轮扭矩或牵引力和行驶速度的要求变化较大，因此，传动系统应能改变驱动轮的转速和扭矩。

逆转传动。农用运输车在工作中有倒驶的要求，而发动机不能逆转，所以，传动系统应能在发动机旋转方向不变的情况下，改变驱动轮的旋转方向。

切断与平顺接合动力。农用运输车有变换挡和临时性停车要求，为此，传动系统应能切断与平顺接合动力，保证车辆起步平稳，使发动机和传动系统免受冲击负荷。

四轮农用运输车传动系统一般为多缸柴油机纵向安装，且具有联轴器和传动轴的传动系统。其动力传递路线为：发动机→离合器→变速箱→联轴器和传动轴→驱动轮（见图3—42）。

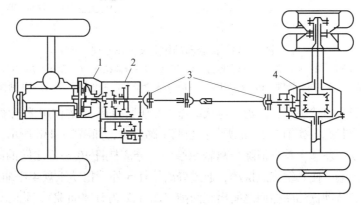

图3—42　四轮农用运输车传动系示意图
1—离合器　2—变速箱　3—联轴器　4—驱动桥

1. 离合器

离合器位于发动机和变速箱之间的飞轮壳内，用螺钉将离合器总成固定在飞轮的后平面上，离合器的输出轴就是变速箱的输入轴。在汽车行驶过程中，驾驶员可根据需要踩下或松开离合器踏板，使发动机与变速箱暂时分离和逐渐接合，以切断或传递发动机向变速器输入的动力。

（1）功用

离合器的功用是分离和接合发动机传给传动系的动力，以利于变速箱的挂挡（或换挡）和使拖拉机平稳起步；同时离合器能防止传动系机件因过载而损坏。

（2）构造

拖拉机上广泛采用的是摩擦式离合器，它由主动部分、从动部分、压紧机构和操纵机构四部分组成，如图3—43所示。

主动部分同飞轮一起旋转，它包括飞轮、离合器盖和压盘等。从动部分包括从动盘和离合器轴。压紧机构是装在压盘与离合器盖之间的几组螺旋弹簧。操纵机构由分离轴承、分离轴承座、分离杠杆、拨叉、拉杆和踏板等组成。

（3）工作原理

摩擦式离合器依靠其主动部分和从动部分摩擦表面之间的摩擦力来传递动力。当离

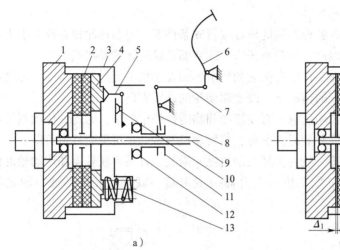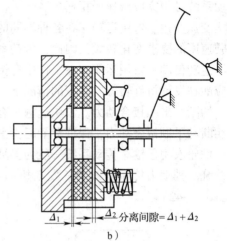

a)　　　　　　　　　　　b)

图3—43　离合器的构造及工作原理

1—飞轮　2—从动盘　3—离合器盖　4—压盘　5—分离拉杆　6—踏板　7—拉杆
8—拨叉　9—离合器轴　10—分离杠杆　11—分离套筒　12—分离轴承　13—压紧弹簧

合器踏板6处于自由状态时，压盘4与从动盘2在压紧弹簧13的作用下压紧在飞轮1上，离合器处于接合状态，如图3—43a所示；当踏下踏板时，如图3—43b所示，分离套筒11在拨叉8的拨动下左移，首先消除分离轴承端面与分离杠杆10头部之间的间隙，然后推压分离拉杆5内端，使其绕支点摆动，通过分离拉杆5外端拉动压盘4压缩压紧弹簧13，使压盘、飞轮和从动盘的摩擦面之间出现间隙（$\Delta_1+\Delta_2$为分离间隙），此时离合器处于分离状态。这时摩擦面之间有间隙，称为分离间隙。

踏板逐渐松开时，被压缩的弹簧也随之逐渐伸展，通过压盘将从动盘压紧在飞轮端面上，离合器又处于接合状态。这时分离杠杆端部与分离轴承端面间应有一定间隙，称为自由间隙或离合器间隙，此间隙一般为0.3～0.5 mm，与此间隙对应的踏板行程，叫作踏板的自由行程，一般为20～30 mm。

2. 变速箱

（1）变速箱的功用

变速箱的功用是：通过变换挡位能改变机车的驱动力和行驶速度；实现空挡，使农用运输车在发动机不熄火的情况下能长时间停车，或在此状态下输出动力；实现倒挡，使农用运输车能倒退行驶。按变速方式，变速箱可分为有级变速和无级变速两种，拖拉机一般采用齿轮有级变速箱。

（2）构造。

拖拉机的变速箱一般采用齿轮式变速箱，主要由变速箱壳体、齿轮、轴、轴承和操纵机构（包括换挡机构和锁定机构）等组成，图3—44所示为变速箱简图。

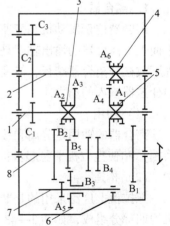

图3—44　变速箱简图

1—第一轴　2—倒挡轴
3—Ⅱ挡滑动齿轮
4—倒挡滑动齿轮
5—Ⅳ挡滑动齿轮　6—Ⅴ挡滑动齿轮
7—Ⅴ挡中间轴　8—第二轴

（3）工作原理

通过变速箱操纵机构使变速箱中各轴上的齿轮处于不同的啮合和排挡位置，实现增扭减速、变扭变速、空挡和倒挡。

1）齿轮传动的增扭减速。变速箱的构造如图3—45a所示。两齿轮相啮合，当小齿轮驱动大齿轮时，如图3—45b所示，从动齿轮的转速降低，则扭矩增大。同理，大齿轮驱动小齿轮时，如图3—45c所示，则使小齿轮的转速增加而扭矩下降。

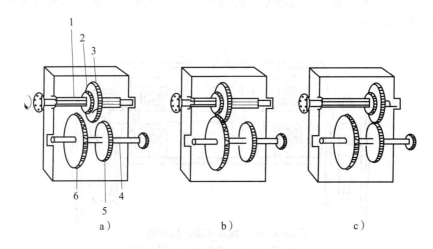

图3—45　变速箱的构造

1—主动轴　2、3—主动齿轮　4—从动轴　5、6—从动齿轮

2）变扭变速。常用的滑动齿轮变速箱由不同传动比的多对啮合齿轮组成，变换传动齿轮副即实现了变扭变速。

3）实现空挡。当变速箱中主动齿轮与被动齿轮处于脱离啮合位置，即可实现空挡，如图3—45a所示。

4）倒挡。要使机车倒退行驶，只需要改变从动轴的旋转方向即可。为此，在主动轴与从动轴之间增加一次齿轮啮合，从动轴就改变了旋转方向。

3. 联轴器

拖拉机上在离合器和变速箱第一轴之间装有联轴器，用以传递动力，联轴器一般采用橡胶块式弹性联轴器，靠橡胶块少量的弹性变形来承受少量偏移和倾斜的传动。汽车在变速箱输出轴端和驱动桥输入轴端也安装有联轴器，一般采用允许相邻两轴有较大交角（15°～20°）的刚性联轴器。

4. 传动轴

传动轴用来连接拖拉机上离合器和变速箱间的两个弹性联轴器或汽车上变速箱和驱动桥间的两个刚性联轴器。东方红–75/802型拖拉机传动轴一端制有花键，另一端与联轴器固定叉制成一体。汽车传动轴是一高速旋转的长轴，与联轴器装配后都经过动平衡试验，并在联轴器滑动叉和轴管上刻有带箭头的记号，装配时应使记号对准。

单元
3

5. 后桥

（1）功用

后桥的功用是：将变速箱传来的动力进一步增扭减速；对于纵置式变速箱的拖拉机，还要改变动力的传递方向，并分配给左、右驱动轮。

（2）构造

履带式拖拉机后桥由中央传动、转向离合器、制动器和最终传动等主要部件组成，如图3—46所示。轮式拖拉机（汽车）的后桥由中央传动、差速器和最终传动等部件组成，如图3—47所示。

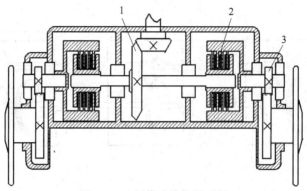

图3—46　履带式拖拉机后桥

1—中央传动　2—转向机构　3—最终传动

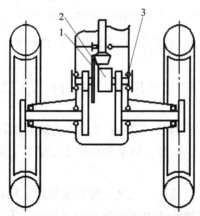

图3—47　轮式拖拉机后桥

1—中央传动　2—差速器　3—最终传动

1）中央传动。大中型拖拉机（汽车）的中央传动一般由一对螺旋圆锥齿轮组成。动力由小圆锥齿轮传给大圆锥齿轮，从而实现增扭减速。同时锥齿轮传动还可以改变动力传递的方向，适应驱动轮转动方向的要求。由于锥齿轮传动具有轴向力，所以，中央传动中的轴采用圆锥滚动轴承支承，而且设有调整轴承预紧度和锥齿轮轴向位置的装置。

2）最终传动。最终传动由一对外齿啮合的圆柱齿轮组成，是驱动轮之前的最后一次增扭减速。最终传动有内置式（即最终传动布置在后桥壳内）和外置式（设有单独的最终传动箱）两种形式。

单元
3

（3）工作原理

由变速箱传来的动力经中央传动增扭减速，并改变动力传递方向后，通过转向离合器（履带式）或差速器（轮式）驱动主动齿轮转动，主动齿轮带动从动齿轮转动（进一步增扭减速），从动齿轮通过驱动半轴带动驱动轮转动，使拖拉机获得行驶动力。

二、行走系统

1. 功用

行走系统的功用是将传动系统传来的扭矩转化为拖拉机（汽车）行驶的驱动力，使机车行走，并支承全车重量。

2. 构造

（1）履带式拖拉机行走系统

履带式拖拉机行走系统主要由驱动轮、履带、支重轮、托轮、导向轮、支重台车和车架等组成，如图3—48所示。

图3—48　履带式拖拉机行走系统

1—托轮　2—车架　3—驱动轮　4—履带

5—支重轮　6—支重台车　7—张紧装置　8—导向轮

当发动机的动力经传动系统以驱动扭矩传到驱动轮上时，使驱动轮转动。通过履带（履带式行走系统）或驱动轮轮胎（轮式行走系统）与地面的附着作用，地面则给驱动轮一个向前的驱动力，当此力克服了各种阻力后，机车便向前行驶。

（2）轮式拖拉机行走系统

轮式拖拉机的行走系统主要由前轴、前轮和后轮组成。轮式拖拉机有四个车轮，前面两个车轮安装在前轴上，可相对于机体发生偏转，使拖拉机顺利转向，所以前轮又称为导向轮；后边两个车轮分别安装在最终传动的左、右两个驱动轮轴上，它是驱动拖拉机行驶、发挥驱动力的车轮，故后轮又称为驱动轮。

一般拖拉机都由后轮驱动，但有的拖拉机为增大驱动力，除后轮驱动外，前轴也由发动机经传动系而驱动，此时前轴常称为前桥。由于这种拖拉机的四个车轮全都是驱动

单元

3

轮，故又称为四轮驱动拖拉机。

轮式拖拉机由于工作条件的特殊性，故有其自身的结构特点，这些特点是：

1）驱动轮不仅直径大，而且轮胎面上有较高凸起的花纹。轮式拖拉机拖带农机具在田间作业时，由于田间土壤较松软、潮湿，附着条件差，要求拖拉机大部分的质量集中在后轮上，以增加附着力。为减小车轮因质量较大在土壤中下陷较深而产生过大的滚动阻力，提高拖拉机的牵引力，故需要增大后轮与土壤的接触面积，应采用大直径、轮胎花纹较高的驱动轮。

2）导向轮直径小，其轮胎面大多具有一条或多条环状花纹。轮式拖拉机在田间作业时要经常调头转弯，为减小转向困难，避免转向时的侧滑现象，故采用直径小、有环状花纹的导向轮。

3）有比较合适的农艺离地间隙。轮式拖拉机在田间作业时，农作物已长到一定高度，为了不伤害农作物，则需要拖拉机要有合适的农艺离地间隙。农艺离地间隙是指拖拉机跨越在农作物行上机体最低点到地面的距离。

4）前轴与机体为铰链连接。轮式拖拉机在田间作业时速度较低，再加上轮胎本身就有减振和缓冲作用。所以后桥与机体为刚性连接。当拖拉机行驶在起伏不平的地面上时，为了保证拖拉机的两前轮始终同时着地，所以前轴与机体采用铰链连接，这样拖拉机在凸凹不平的地面上行驶时前轴可以摆动，以保证前轮、后轮同时着地。

3. 工作原理

轮式拖拉机用前、后轮支承在地面上，发动机的动力经传动系统传给驱动轮，使驱动轮获得一个 M_k 的驱动力矩，如图 3—49 所示。在驱动力矩的作用下，驱动轮通过轮胎凸起的花纹给压实的土壤一个向后的作用力，根据力是相互作用的原理，土壤也给轮胎一个向前的作用力，这个力就是拖拉机向前行驶的驱动力 F。当驱动力 F 足以克服拖拉机前、后轮的滚动阻力 f_1、f_2 及所带农机具阻力时，拖拉机即可向前行驶。

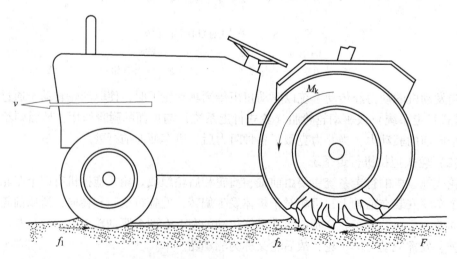

图 3—49 轮式拖拉机的行走原理

f_1—前轮的滚动阻力 f_2—后轮的滚动阻力 M_k—驱动力矩 F—驱动力

4. 拖拉机、农用汽车轮胎

（1）轮胎的种类

1）按照轮胎工作气压大小，可分为高压胎（气压在 0.5 ~ 0.7 MPa）、低压胎（气压在 0.2 ~ 0.5 MPa）和超低压胎（气压在 0.2 MPa 以下）。拖拉机、农用汽车的轮胎为低压胎或超低压胎。

2）按照轮胎胎面花纹，可分为普通花纹轮胎、越野花纹轮胎和混合花纹轮胎。

3）按照轮胎胎体结构形式不同，可分为斜交结构轮胎和子午结构轮胎。

（2）轮胎的规格

轮胎有各种不同的规格，用 $B—d$ 表示，其中，B 是轮胎断面宽度，d 是轮圈直径，单位是 m（in）。例如，6—16 轮胎，则表示轮圈的直径为 0.41 m（16 in），轮胎的断面宽度为 0.15 m（6 in）。

三、转向系统

转向系统用来改变和控制拖拉机的行驶方向，是保证拖拉机正常工作的重要机构之一。履带拖拉机的行驶方向是靠转向操纵杆控制转向离合器实现的，轮式拖拉机的行驶方向是通过改变控制导向轮实现的。

转向系统分为两大类，即机械操纵转向系统和动力操纵转向系统。转向操纵机构的作用就是控制转向离合器的分离与结合，以满足转向的需要。完全靠驾驶员手力操纵的转向系统称为机械操纵转向系统。借助动力来操纵的转向系统称为动力操纵转向系统。

1. 机械操纵转向系统

拖拉机的转向操纵机构是机械式操纵机构，如图 3—50 所示。它由左、右两根转向操纵杆（又称转向离合器操纵杆）8 和 9、转向轴 6、转向推杆 5 和转向分离杠杆 2 等部件组成。当需要向左侧转向时，就拉动左转向操纵杆 8，使左转向操纵杆带动转向杆轴转动，转向杆轴推动转向推杆，使转向推杆向后移动，转向推杆又带动转向分离杠杆转动，分离杠杆又带动分离叉 12 转动，分离叉拉动分离轴承座向里移动，使左边转向离合器分离，拖拉机就向左转弯。当转向结束需要拖拉机直向前进时，只要松开转向操纵杆，让转向操纵杆复位，左侧转向离合器结合，拖拉机即直行。若向右转向，其操纵动作过程和向左转向时操作相同。

机械转向系统以驾驶员的体力作为转向能源，其中所有传力件都是机械的。机械转向系统由转向操纵机构、转向器和转向传动机构三大部分组成。

（1）转向操纵机构

转向操纵机构由转向盘、转向轴、转向管柱等组成，它的作用是将驾驶员转动转向盘的操纵力传给转向器。

（2）转向器

转向器（也常称为转向机）是完成由旋转运动到直线运动（或近似直线运动）的一组齿轮机构，同时也是转向系中的减速传动装置。目前较常用的有齿轮齿条式、循环球指销式与蜗杆曲柄指销式等。

1）齿轮齿条式转向器。齿轮齿条式转向器（见图 3—51）分两端输出式和中间（或单端）输出式两种。

单元

3

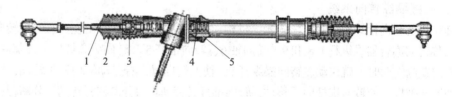

图 3—50　拖拉机转向操纵机构

1—制动带　2—转向分离杠杆　3—制动拉杆　4—调整接头

5—转向推杆　6—转向轴　7—左、右制动踏板　8—左转向操纵杆

9—右转向操纵杆　10—制动器踏板轴　11—转向离合器　12—分离叉

单元

3

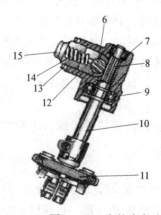

图 3—51　齿轮齿条式转向器

1—转向横拉杆　2—防尘套　3—球头座　4—转向齿条

5—转向器壳体　6—转向齿条　7—滚针轴承　8—转向齿轮　9—向心球轴承

10—转向齿轮轴　11—联轴器　12—压块　13—锁紧螺母　14—压紧弹簧　15—调整螺栓

两端输出的齿轮齿条式转向器，作为传动副主动件的转向齿轮轴 10 通过轴承 7 和 9 安装在转向器壳体 5 中，其上端通过花键与联轴器 11 和转向轴连接。与转向齿轮啮合的转向齿条 4 水平布置，两端通过球头座 3 与转向横拉杆 1 相连。弹簧 14 通过压块 12 将齿条压靠在齿轮上，保证无间隙啮合。弹簧的预紧力可用调整螺栓 15 调整。当转动转向盘时，转向齿轮 8 转动，使与之啮合的转向齿条 4 沿轴向移动，从而使左右横拉杆带动转向节左右转动，使转向车轮偏转，从而实现汽车转向。

中间输出的齿轮齿条式转向器，其结构及工作原理与两端输出的齿轮齿条式转向器基本相同，不同之处在于：它在转向齿条的中部用螺栓与左右转向横拉杆相连；而在单端输出的齿轮齿条式转向器上，齿条的一端通过内外托架与转向横拉杆相连。

2）循环球指销式转向器。循环球式转向器是目前国内外应用最广泛的结构形式之一（见图 3—52），一般有两级传动副，第一级是螺杆螺母传动副，第二级是齿条齿扇传动副。为了减少转向螺杆与转向螺母之间的摩擦，二者的螺纹并不直接接触，其间装有多个钢球，以实现滚动摩擦。转向螺杆和螺母上都加工出断面轮廓为两段或三段不同心圆弧组成的近似半圆的螺旋槽。二者的螺旋槽能配合形成近似圆形断面的螺旋管状通道。螺母侧面有两对通孔，可将钢球从此孔塞入螺旋形通道内。转向螺母外有两根钢球导管，每根导管的两端分别插入螺母侧面的一对通孔中。导管内也装满了钢球，这样，两根导管和螺母内的螺旋管状通道组合成两条各自独立的封闭的钢球"流道"。转向螺杆转动时，通过钢球将力传给转向螺母，螺母即沿轴向移动。同时，在螺杆及螺母与钢球间的摩擦力偶的作用下，所有钢球便在螺旋管状通道内滚动，形成"球流"。在转向器工作时，两列钢球只是在各自的封闭流道内循环，不会脱出。

单元
3

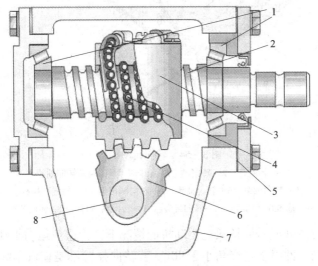

图 3—52　循环球指销式转向器

1—推力轴承　2—转向螺杆　3—转向螺母　4—钢球　5—调整垫片　6—扇齿　7—壳体　8—摇臂轴

3）蜗杆曲柄指销式转向器。蜗杆曲柄指销式转向器的传动副，以转向蜗杆为主动件，其从动件是装在摇臂轴曲柄端部的指销。转向蜗杆转动时，与之啮合的指销即绕摇臂轴轴线沿圆弧运动，并带动摇臂轴转动，如图 3—53 所示。

（3）转向传动机构

转向传动机构的功用是将转向器输出的力和运动传到转向桥两侧的转向节，使两侧转向轮偏转，且使两转向轮偏转角按一定关系变化，以保证汽车转向时车轮与地面的相对滑动尽可能小。

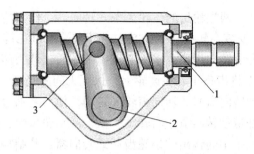

图3—53　蜗杆曲柄指销式转向器
1—转向蜗杆　2—摇臂轴　3—指销

1）与非独立悬架配用的转向传动机构。与非独立悬架配用的转向传动机构（见图3—54）主要包括转向摇臂10、转向直拉杆8、转向节臂12和转向梯形。在前桥仅为转向桥的情况下，由转向横拉杆11和左、右梯形臂组成的转向梯形一般布置在前桥之后。当转向轮处于与汽车直线行驶相应的中立位置时，梯形臂与转向横拉杆11在与道路平行的平面（水平面）内的交角大于90°。

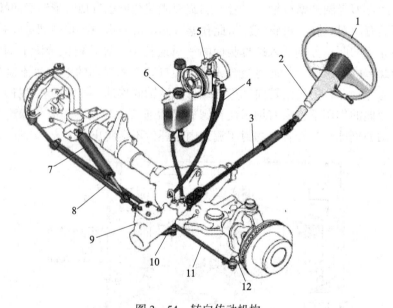

图3—54　转向传动机构
1—转向盘　2—转向轴　3—转向中间轴　4—转向油管
5—转向油泵　6—转向油罐　7—转向减振器　8—转向直拉杆
9—整体式转向器　10—转向摇臂　11—转向横拉杆　12—转向节臂

在发动机位置较低或转向桥兼充驱动桥的情况下，为避免运动干涉，往往将转向梯形布置在前桥之前，此时上述交角小于90°。若转向摇臂不是在汽车纵向平面内前后摆动，而是在与道路平行的平面内左右摇动，则可将转向直拉杆8横置，并借球头销直接带动转向横拉杆11，从而推动两侧梯形臂转动。

2）与独立悬架配用的转向传动机构。当转向轮独立悬挂时，每个转向轮都需要相对于车架作独立运动，因而转向桥必须是断开式的。与此相对应，转向传动机构中的转向梯形也必须是断开式的。

单元
3

3）转向直拉杆。转向直拉杆的作用是将转向摇臂传来的力和运动传给转向梯形臂（或转向节臂）。它所受的力既有拉力也有压力，因此，直拉杆都是采用优质特种钢材制造的，以保证工作可靠。在转向轮偏转或因悬架弹性变形而相对于车架跳动时，转向直拉杆与转向摇臂及转向节臂的相对运动都是空间运动，为了不发生运动干涉，上述三者间的连接都采用球销。

4）转向减振器。随着车速的提高，现代汽车的转向轮有时会产生摆振（转向轮绕主销轴线往复摆动，甚至引起整车车身的振动），这不仅影响汽车的稳定性，而且还影响汽车的舒适性，加剧前轮轮胎的磨损。在转向传动机构中设置转向减振器是克服转向轮摆振的有效措施。转向减振器的一端与车身（或前桥）铰接，另一端与转向直拉杆（或转向器）铰接。

2. 动力操纵转向系统

使用机械转向装置可以实现转向，当转向轴负荷较大时，仅靠驾驶员的体力作为转向能源则难以顺利转向。动力操纵转向系统就是在机械转向系统的基础上加设一套转向加力装置而形成的。转向加力装置减轻了驾驶员操纵转向盘的作用力。转向能源来自驾驶员的体力和发动机（或电动机），其中发动机（或电动机）占主要部分，通过转向加力装置提供。正常情况下，驾驶员能轻松地控制转向。但在转向加力装置失效时，就回到机械操纵转向系统状态，一般来说还能由驾驶员独立承担汽车转向任务。常见的动力操纵转向系统主要有以下两类。

（1）液压式动力操纵转向系统

如图3—54所示，其中属于转向加力装置的部件是转向油泵5、转向油管4、转向油罐6以及位于整体式转向器9内部的转向控制阀及转向动力缸等。当驾驶员转动转向盘1时，通过机械转向器使转向横拉杆11移动，并带动转向摇臂10，使转向轮偏转，从而改变汽车的行驶方向。与此同时，转向器输入轴还带动转向器内部的转向控制阀转动，使转向动力缸产生液压作用力，帮助驾驶员转向操作。由于有转向加力装置的作用，驾驶员只需比采用机械转向系统时小得多的转向力矩，就能使转向轮偏转。

液压式动力操纵转向系统能耗较高，尤其是低速转弯的时候，觉得转向比较沉，发动机也比较费力气。又由于液压泵的压力很大，也比较容易损害助力系统。

（2）电动助力动力操纵转向系统

电动助力动力转向系统简称电动式EPS或EPS（electronic power steering system），是在机械操纵转向机构的基础上，增加信号传感器、电子控制单元和转向助力机构而形成。

电动式EPS是利用电动机作为助力源，根据车速和转向参数等因素，由电子控制单元完成助力控制，其原理可概括如下：当操纵转向盘时，装在转向盘轴上的转矩传感器不断地测出转向轴上的转矩信号，该信号与车速信号同时输入到电子控制单元。电控单元根据这些输入信号，确定助力转矩的大小和方向，即选定电动机的电流和转动方向，调整转向辅助动力的大小。电动机的转矩由电磁离合器通过减速机构减速增矩后，加在汽车的转向机构上，使之得到一个与汽车工况相适应的转向作用力。例如，福克斯的EHPAS电子液压系统由电脑根据发动机转速、车速以及转向盘转角等信号，驱动电子泵给转向系统提供助力，助力感觉非常自然。因此很多人对福克斯转向的感觉相当不错，转向操控感觉可以说是随心所欲。有些车也号称采用电子助力，但是只是电动机助力，没有液压辅助，容易产生噪声，助力效果也远不如福克斯这一类型的电子助力。

电动助力动力操纵转向系统能耗低，灵敏，由电子单元控制，节省发动机功率，助力发挥比较理想。

四、制动系统

制动系统（见图3—55）是汽车上用以使外界（主要是路面）在汽车某些部分（主要是车轮）施加一定的力，从而对其进行一定程度的强制制动的一系列专门装置。制动系统的作用是：使行驶中的汽车按照驾驶员的要求进行强制减速甚至停车，使已停驶的汽车在各种道路条件下（包括在坡道上）稳定驻车，使下坡行驶的汽车速度保持稳定。对汽车起制动作用的只能是作用在汽车上且方向与汽车行驶方向相反的外力，而这些外力的大小都是随机的、不可控制的，因此汽车上必须装设一系列专门装置以实现上述功能。

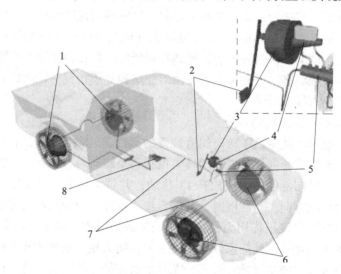

图3—55　电子制动系统

1—鼓式制动器　2—踏板　3—助力器　4—主缸　5—组合电磁阀
6—盘式制动器　7—管路　8—紧急制动器

1．功用
（1）使拖拉机和汽车在高速行驶中减速或紧急停车。
（2）保证拖拉机、汽车能在一定坡度的路面上停车。
（3）拖拉机田间作业时能单边制动，协助转向。
（4）配合离合器，可确保拖拉机安全可靠地挂接农具。

2．构造
制动系统由制动器和制动操纵机构两部分组成。

（1）制动器

拖拉机、汽车普遍采用摩擦式制动器，按其摩擦表面形状分为带式、蹄式和盘式三种。制动器由旋转元件（如制动鼓、摩擦盘）和制动元件（如制动带、制动蹄、制动压盘）等组成。

（2）制动操纵机构

制动操纵机构有机械式、气压式和液压式三种，拖拉机多采用机械式操纵机构。机械式操纵机构由制动踏板、传动杆件（拉杆、制动器摇臂）和踏板回位弹簧等组成，气压式操纵机构由制动踏板、制动控制阀、制动气室和管路等组成，液压式操纵机构由踏板、主缸、储液室、工作缸、油管等组成。

3. 工作原理

当踏下制动踏板时，通过传动机构，使制动元件和旋转元件压紧，在其接触面间产生摩擦力，对驱动轮形成与其转动方向相反的一个制动力矩，从而对机车进行制动，使其减速或停车。

第三节　电气设备

电气设备是拖拉机和农业机械（尤其是联合收割机）的重要组成部分，其工作性能的好坏，直接影响到拖拉机工作的可靠性和安全性。随着农业现代化事业的发展和农业机械化水平的提高，对新型拖拉机和农业机械的电气设备提出了更高的要求，其结构和性能也有了很大的改进。但是，拖拉机和农业机械常在恶劣环境下工作，强烈的振动，温度、湿度和尘土的影响，都会加速电气设备的损坏，出现各种故障，影响工作质量和工作效率。所以，学习拖拉机电器知识，了解其结构特点和工作原理，掌握正确的使用维护方法，是十分必要的，本章主要讲述拖拉机电气设备。

一、拖拉机电气设备概述

1. 拖拉机电气设备的功用

（1）为拖拉机夜间作业提供照明。

（2）用来启动发动机。

（3）为拖拉机行驶和转向提供信号（鸣喇叭、转向闪光等）。

（4）用仪表灯光检测发动机的工作状态（水温、油压指示等）。

（5）用灯光音响等检测拖拉机或农业机械的工作状态（播种机的下种情况及联合收割机的粮仓储存和茎秆收集情况等）。

2. 拖拉机电气设备的组成

拖拉机电气设备由电源、用电设备和配电装置三大部分组成。电源包括蓄电池、发电机及其调节器，用电设备包括预热启动设备、安全信号设备、照明设备和仪表等，配电装置包括熔断器、导线和开关等。

3. 拖拉机电气设备的特点

不同型号的拖拉机，其电器设备的数量、结构和布置虽然不同，但是，总的来说，可以归结出以下几个特点。

单元
3

（1）低压

拖拉机电气系统属于低压电气系统，额定电压有 12 V 和 24 V 两种。目前大部分采用 12 V 电气系统，大型拖拉机、联合收割机或工程机械也有采用 24 V 电气系统的。

（2）直流

有些拖拉机的发动机采用直流电动机启动，由蓄电池供电，而蓄电池就是直流化学电源，其充电也必须有直流电源，故拖拉机都采用直流电气系统。

（3）并联

电器设备的各用电设备（负载）与电源都是并联连接，电路上用开关或继电器来控制。

（4）单线制

从电源到用电设备之间只用一根导线连接，另一根导线由拖拉机底盘或发动机的金属机体代替，形成电流回路，作为电路的"公用导线"。

（5）负极搭铁

当采用单线制时，所有用电设备都必须接在金属机架上，叫作搭铁。若蓄电池和发电机的负极接在机架上时，就叫负极搭铁；反之，就是正极搭铁。

进行电气系统分析，必须借助电气系统图，常用的有电气原理图和电气线路图。电器原理图分析电气原理、查找故障原因较方便，但不够直观；电气线路图能清楚地看出各电气元件的相互连接关系。图 3—56 所示为拖拉机的电气线路图。

单 元
3

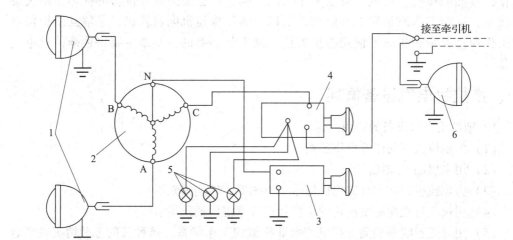

图 3—56　电气线路
1—前照灯　2—发电机　3—前照灯开关　4—后照灯开关　5—仪表灯　6—后照灯

二、蓄电池

1. 构造

一般的铅酸蓄电池是由正极板、负极板、隔板、壳体、电解液和接线柱头等组成，其放电的化学反应是依靠正极板活性物质（二氧化铅和铅）和负极板活性物质（海绵状纯铅）在电解液（稀硫酸溶液）的作用下进行。其中极板的栅架，传统蓄电池用铅锑合金制造，免维护蓄电池用铅钙合金制造，前者用锑，后者用钙，这是两者的根本区别点。

2. 工作原理

蓄电池是一种可逆性的直流电源，它可将内部的化学能转变为电能，即放电；又可将外界供给的电能转变为蓄电池内部的化学能，即充电。蓄电池的工作原理如图3—57所示。

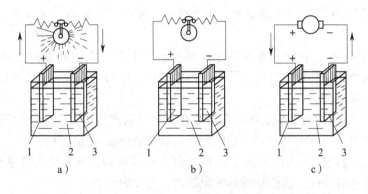

图3—57　蓄电池的工作原理

a）放电开始　　　　　b）放电结束　　　　　c）充电结束

1—二氧化铅　2—硫酸溶液　　1—硫酸铅　2—稀硫酸溶液　　1—二氧化铅　2—硫酸溶液

3—海绵状纯铅　　　　　　3—硫酸铅　　　　　　3—海绵状纯铅

单元

3

（1）放电过程

如图3—57a所示，蓄电池正、负极板插入电解液中，正极板与硫酸发生化学反应带正电，负极板与硫酸发生化学反应带负电。其间就具有2.1 V左右的电位差（称为蓄电池的电动势）。当蓄电池的正、负极板与用电设备接通时，在电动势的作用下，线路中就产生了电流，并形成闭合回路。放电时，正极板的二氧化铅和电解液的硫酸反应，生成硫酸铅；负极板的纯铅与硫酸反应也生成硫酸铅，随着放电过程的不断进行，电解液中的硫酸逐渐减少，而水增多，使电解液的密度减小。

（2）充电过程

如图3—57c所示，将直流电源的正、负极与蓄电池的正、负极相连，当直流电源的电动势大于蓄电池的电动势时，在充电电流的作用下，使蓄电池发生与放电过程相反的化学反应。正极板还原成二氧化铅，负极板还原成纯铅。正、负极板在充电反应中生成的硫酸溶解在电解液中，使电解液中的水减少，硫酸增加，电解液密度增大。

3. 蓄电池的容量

充足电的蓄电池，在允许放电的范围内，所能放出电量的总和，称为蓄电池的容量。蓄电池容量的大小用放电电流和放电时间的乘积表示，单位是A·h。蓄电池标牌

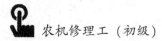

所标注的容量为额定容量，它是指电解液平均温度为30℃时，以标注容量值的十分之一作为放电电流，连续放电10 h，单格电压下降到1.7 V时所输出的电量。

4. 蓄电池的使用维护

（1）蓄电池的正确使用和维护

1）检查蓄电池在支架上的固定螺栓是否拧紧，若安装不牢靠会因行车振动而引起壳体损坏。另外，不要将金属物放在蓄电池上以防短路。

2）时常查看极柱和接线头连接得是否牢固。为防止接线柱氧化可以涂抹凡士林等保护剂。

3）不可用直接打火（短路试验）的方法检查蓄电池的电量，这样会对蓄电池造成损害。

4）普通铅酸蓄电池要注意定期添加蒸馏水；干荷蓄电池在使用之前最好适当充电；至于可加水的免维护蓄电池，并不是不能维护，应适当查看，必要时补充蒸馏水有助于延长使用寿命。

5）蓄电池盖上的气孔应通畅。蓄电池在充电时会产生大量气泡，若通气孔被堵塞使气体不能逸出，当压力增大到一定的程度后就会造成蓄电池壳体炸裂。

6）在蓄电池极柱和盖的周围常会有黄白色的糊状物，这是因为硫酸腐蚀了根柱、线卡、固定架等造成的。这些物质的电阻很大，要及时清除。

7）当需要用两块蓄电池串联使用时，蓄电池的容量最好相等，否则会影响蓄电池的使用寿命。

一般这类免维护蓄电池从出厂到使用可以存放10个月，其电压与容量保持不变，质量差的在出厂后的3个月左右电压和容量就会下降。在购买时选离生产日期有3个月的，当场就可以检查电池的电压和容量是否达到说明书上的要求，若电压和容量都有下降的情况则说明它里面的材质不好，那么蓄电池的质量肯定也不行，有可能是加水蓄电池经过经销商充电后伪装而成的。

（2）蓄电池的充电

1）初充电。新蓄电池的充电称为初充电，其方法步骤如下：

①加注符合要求的电解液浸泡10 h。

②蓄电池的正、负极接电源的正、负极。

③选择充电电流，一般以蓄电池额定容量的6% ~7%安培数的电流进行充电，直至达到额定容量的90%为止。

④根据季节不同，调整好电解液密度和液面高度。

2）补充充电。蓄电池经过使用，电量不足时，需进行补充充电，充电步骤如下：

①同初充电一样接好电源。

②选好充电电流，一般以额定容量的12% ~14%安培数的电流充至有气泡产生，单格电压升至2.4 V。

③电流减半继续充电，直到有大量的气泡产生，单格电压升至2.5 ~2.7 V，且2 h内不变。

④调整好电解液密度和液面高度。

（3）蓄电池的使用注意事项

1）应保持蓄电池的外部清洁，不可有尘土和油污，以防自行放电。

2）应经常保持通气孔的畅通，不可堵塞。

3）蓄电池的搭铁极性应与发电机一致，搭铁线和启动线的连接要牢固，不可松动。

4）不可大电流连续放电，使用电启动机不许超过 5 s，如果一次不能启动，应停 2～3 min 再启动。连续三次启动不着应检查原因，并待 15 min 后再进行启动。

三、直流发电机

1. 工作原理

直流发电机的工作原理如图 3—58 所示。当转子按逆时针方向旋转时，导线切割磁力线，在线圈的两有效边 ab 和 cd 中便产生了感应电动势，当外电路接通时就会产生电流，其方向用右手定则确定，电流方向为 $d \rightarrow c \rightarrow b \rightarrow a$。在这一瞬间，电刷 A 的极性为正，电刷 B 的极性为负。当转子转过半周时，线圈两有效边中感应电动势的方向发生改变，电流方向为 $a \rightarrow b \rightarrow c \rightarrow d$，产生了交变电动势和交变电流。

由于转子转动时，电刷 A 和电刷 B 固定不动，炭刷 A 总是与 N 极下的导线相连的滑环相接触，所以电刷 A 的极性永远为正；同理，电刷 B 的极性永远为负，从而外电路的电流有一定的方向，即发出直流电。

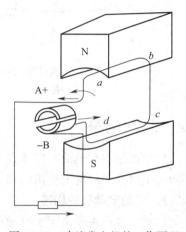

图 3—58　直流发电机的工作原理

2. 构造

拖拉机、汽车用的直流发电机均为并激式，主要由定子、转子、换向器、电刷、前后端盖及带轮等组成，如图 3—59 所示。

定子是发电机产生磁场的部分，由机壳、磁极铁心和激磁线圈组成，转子（电枢）由电枢轴、铁心和电枢线圈组成。换向器也叫整流子，能将电枢线圈产生的交流电转换为直流电。

电刷和刷架配合，换向器能将交流电转换成直流电并向外输出。

3. 直流发电机的使用与维护

（1）发电机必须与配套的调节器一起使用，其搭铁极性必须与蓄电池的搭铁极性一致。

（2）换向器铜片的绝缘云母应确保凹下 0.5～0.8 mm。

（3）电刷与换向器铜片的接触面积应不小于电刷截面的 70%，电刷高度应不小于新刷高度的 50%。

（4）确保换向器铜片的清洁，如有油污或烧蚀，应进行修磨。

（5）无剩磁或剩磁不足时应进行充磁。

（6）工作 1 000 h，应拆开发电机向电枢轴轴承注油。

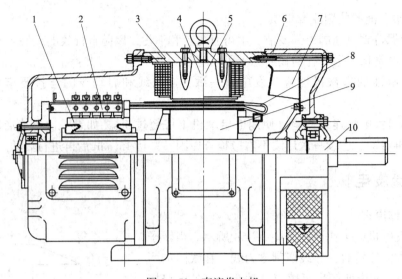

图 3—59　直流发电机

1—换向器　2—电刷装置　3—机座　4—主磁极　5—换向极

6—前端盖　7—风扇　8—电枢绕组　9—电枢铁心　10—转轴

四、启动电路

启动电路由蓄电池、电流表、电源开关、启动开关、预热器和启动电动机等组成。下面，主要介绍启动电动机的相关知识。

1. 启动电动机的构造

启动电动机主要由定子（磁极铁心）、转子（电枢）、换向器和激磁绕组等组成，如图 3—60 所示。

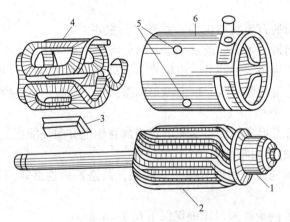

图 3—60　启动电动机

1—换向器　2—电枢　3—磁极铁心　4—激磁绕组　5—固定螺钉　6—外壳

2. 启动电动机的工作原理

启动电动机是根据通电导体在磁场中会产生运动的原理制成的。当闭合启动开关时，蓄电池经电刷、换向器，对电枢线圈和激磁线圈供电，使激磁铁心产生磁场，带电的电枢线圈在磁场中便产生旋转运动，从而将电能转换为机械能。

3. 启动电动机的驱动机构

驱动机构是一个单向离合器，安装在启动电动机驱动齿轮与电枢轴之间，将启动电动机电枢轴的扭矩传给驱动齿轮，驱动齿轮与飞轮齿圈啮合，从而使飞轮转动，启动发动机。当发动机着火后，驱动机构使启动电动机的驱动齿轮与飞轮齿圈自动脱开啮合，起安全保护作用。

4. 启动电动机的使用与维护

（1）每次启动时间不能超过 10 s，再次启动应间隔 2 min。

（2）冬季启动时，应先进行预热，然后才能使用启动机启动。

（3）发动机启动后，应立即松开启动开关，以减少磨损。

（4）保持启动机线路的清洁和连线的牢固。

（5）定期拆下防尘带，检查换向器表面与电刷的接触情况。

（6）将启动机安装在发动机上时，应检查驱动齿轮端面与飞轮平面间的距离，正常状态为 2.5 ~ 5 mm，不符合时，可在启动电动机突缘平面与发动机机座间增加或减少垫片加以调整。

五、磁电机点火系统

1. 构造

磁电机点火系统主要在一些小型汽油机上应用，主要由磁电机、高压线和火花塞等组成。磁电机由壳体、转子、感应线圈（包括铁心、初级线圈和次级线圈）和断电器（包括触点、断电臂及弹簧）组成，如图 3—61 所示。

单元
3

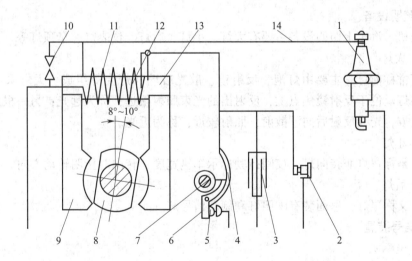

图 3—61 磁电机点火系
1—火花塞 2—断电按钮 3—电容器 4—弹簧 5—触点
6—断电臂 7—凸轮 8—转子 9—极掌 10—安全间隙
11—次级线圈 12—初级线圈 13—铁心 14—高压线

2. 工作原理

如图3—61所示，当永磁转子旋转时，使极掌和铁心中的磁通量发生变化，在初级线圈和次级线圈中都产生感应电动势，当断电器闭合时，初级线圈电路中就有电流产生，其流动路线为：初级线圈→断电臂弹簧→断电臂＋触点→搭铁→初级线圈。在初级电流达到最大值时，凸轮推动断电臂使触点断开，迅速切断电路，使铁心中的磁通迅速消失，于是在次级线圈中便感应出1.5万～2万V的高压电，击穿火花塞间隙形成电火花，完成点火工作。次级电流的流向是：次级线圈→高压线→火花塞＋搭铁→初级线圈→次级线圈。反转飞轮使活塞下降5.8 mm，此时为上止点前27°位置。

3. 磁电机点火系统的保养

（1）经常保持磁电机、高压线的清洁，防止受潮。

（2）保持断电器触点的清洁，若有氧化或烧蚀时，要用细砂纸进行修磨。触点间隙不当时要进行调整，使其保持在0.25～0.35 mm。

（3）定期对衬套、凸轮轴和轴承进行润滑。

（4）拆卸磁电机时，要防止转子退磁，两磁极拆下后用低碳钢板连接，切忌敲击振动或放在高温处。

（5）在发动机高速运转时，不可用停火按钮熄火。

（6）定期清除火花塞上的积炭，检查调整火花塞电极间隙，使其保持在0.7～0.8 mm。

（7）安装火花塞时，必须装好密封垫圈，以保证气缸密封。

六、照明及信号设备

1. 照明设备

拖拉机、汽车上照明设备主要有大灯、小灯、后灯、仪表灯、车顶灯等。

（1）大灯

大灯常称前灯，主要由灯泡、反射镜、散光玻璃和灯壳等组成。大灯采用双丝灯泡，一根灯丝位于反射镜焦点上，反射出的光束照射很远，称为远光；另一根灯丝位于焦点的上方，光线反射后向下散射，照射较近，称为近光。

（2）小灯

小灯是标宽灯兼转向灯，夜间行驶标示车辆宽度，转向时指明转动方向。

（3）后灯

后灯又称尾灯，里面装有牌照灯和制动信号灯。

2. 信号装置

（1）电喇叭

拖拉机、汽车一般采用振动式电喇叭，其构造如图3—62所示。当接通电喇叭按钮时，电流经触点、电磁线圈、电流表等构成回路。在电磁铁的作用下，膜片、振动盘和扩音盘以很快的频率振动，发出声响。

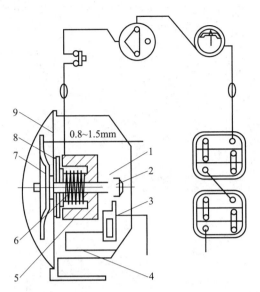

图 3—62 振动式电喇叭

1—调整螺母 2—中心杆 3—触点 4—电容器 5—电磁铁
6—电磁线圈 7—扩音盘 8—振动盘 9—膜片

（2）闪光继电器

它是使转向灯发出闪光信号（一明一暗）指示转向的电气装置。目前使用的闪光继电器有电热式闪光继电器、晶体管控制的电磁闪光继电器和无触点闪光继电器等。

单 元
3

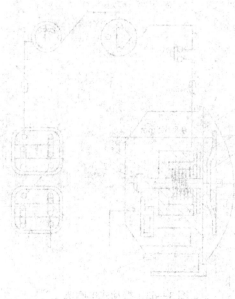

第 4 单元

金属清洗剂和胶黏剂的使用

第一节　金属清洗剂的使用

在机加工和机械设备、汽车等的维护与修理时，大多采用柴油、煤油或汽油作清洗液来清洗零件。这不仅浪费能源，且存在着潜在的不安全因素，稍有不慎，则可能酿成火灾。近年来，一些新型的金属清洗剂逐渐得到了广泛应用，它能够很好地替代柴油、煤油和汽油来清洗零件，而且价格便宜、使用安全，很适合于机械化清洗作业。它可以清洗金属，而不会有锈斑，这就是所谓的金属清洗剂。

一、金属清洗剂的成分和分类

金属清洗剂是由表面活性剂与添加的清洗助剂（如碱性盐）、防锈剂、消泡剂、香料等组成。其主要成分——表面活性剂有数种类型，国产的主要是非离子型表面活性剂，有醚、酯、酰胺、聚醚等四类，具有较强的去污能力。

金属清洗剂可以分为四类，即酸性金属清洗剂、碱性金属清洗剂、中性金属清洗剂和溶剂型金属清洗剂。

1. 酸性金属清洗剂

酸性金属清洗剂一般用于清除不锈钢表面加工的机械油，常温情况下除油效果好、彻底。

2. 碱性金属清洗剂

使用碱性金属清洗剂时需要高温清洗，常温清洗效果不是太好。

3. 中性金属清洗剂

中性金属清洗剂主要用于清洗各种金属表面的油污，例如，工业机械、食品机械中金属加工的零部件、工具上面的润滑油、润滑脂、抛光蜡、拉伸油、压力油、金属加工液、研磨液等各种油污。

中性清洗剂为水基清洗剂，环保高效，对人及环境无危害；可适用各种清洗方法，如超声波清洗、喷淋清洗、滚筒清洗、刷洗；使用范围广，清洗彻底，低温流动性好，使用方便，钢铁件清洗后具有防锈功能。

4. 溶剂型金属清洗剂

溶剂型金属清洗剂具有更高的清洁度，可满足电子行业、光学仪器等的清洗要求；可自挥发，省去了漂洗、烘干等设备，清洗效率更高。无水分的溶剂型金属清洗剂，清洗后的零件有短期的防锈、防氧化功能；无 CFC 的溶剂型金属清洗剂具有良好的环保性能；不燃烧或高闪点的溶剂，操作、运输、存储安全性好。

二、常用金属清洗剂及其选择

1. 常用金属清洗剂及其性能

常用金属清洗剂及其性能见表4—1。

单元
4

表 4—1 　　　　　　　　　　常用金属清洗剂及其性能

清洗剂	工艺性能	用途及注意事项
平平加	需要热使用，可以去除轴承润滑油、积炭等液态和半固态污物	铝、铜及其合金件，超声波清洗，浸洗时工件需窜动
SP - 1	使用聚醚型活性剂，清洗力较强，泡沫少，适用于喷洗或超声波清洗，清洗温度　不宜超过70℃	钢铁件及铝合金件
105	单独或作为主要成分时需要加热使用，除油垢力强，泡沫多，适用于浸洗方法	多用于钢铁件，不宜用于有色金属，缓蚀性差，需加缓蚀剂
664	需加热使用，清除 L - AN 牌号的油、抛光膏等效果较好，缓蚀性较好	钢铁件及铝合金件
TX - 10	对抛光膏、研磨膏等固态油污有明显效果，缓蚀性较好	多用于钢铁件，不宜用于有色金属，缓蚀性差，需加缓蚀剂
6503	有良好的缓蚀性，对表面油污有较强的清洗力，在盐类电解水溶液中清洗性能良好	用于精加工后的钢铁件，含量及温度随油污程度增加。
6501	缓蚀性较好，对矿、植物油清洗力好，适宜与其他清洗剂配合使用	在酸性和电镀前的清洗中应用较多
HD - 2	常温下能清洗表面油污，具有缓蚀性，使用时低泡，适用于喷洗和超声波清洗	特别适用于盐浴淬火后清洗
X - Ⅱ	常温下能清洗积炭	适用于黏附严重的钢铁件，不宜用于铜制工件
SS - 2	能清洗轴承内黏附的黄油，低泡，适用于喷洗和超声波清洗	镀锌工件和镁合金工件
77 - 3	去油污能力强，常温下可清理积炭、胶墨，缓蚀性差	不适用于有色金属制品，需采取缓蚀措施
LCX - 52	能在常温下清洗除油，有抗硬水性	有色金属件及钢铁件
781	能清洗黏附严重油污的工件及积炭，加热浸洗能取得良好效果	发动机维修拆卸后的清洗
815	除油清洗力及缓蚀性均好	钢铁件及铝合金件

单元
4

实际上，许多型号的金属清洗剂兼备除油、防锈、常温几种技术性能。拖拉机、汽车上的零件多为重污垢零件，一般应选择去污能力强、有一定的防锈能力、常温下使用、价格较低的清洗剂。

2. 常用金属清洗剂选择时的注意事项

在选用金属清洗剂时，应注意以下事项：

（1）注意零件污垢的种类和性质。汽车零件污垢的种类和性质差异很大，有油泥、水垢、积炭、锈迹等固相油污及润滑油、脂的残留物等液相油污。水垢与锈迹常用除垢清洗剂（RT-828）（天津英特节能技术有限公司）去除，其他油污、油脂等可用重油污清洗剂（RT-806）清洗。

（2）防止零件被腐蚀。对于铜、铅、锌等易被腐蚀的零件及精密仪器、仪表的零件等，要选用接近中性、腐蚀性小、防锈能力强的清洗剂。

（3）要考虑清洗条件。若具有蒸汽加热条件，可选用高温型清洗剂。以手工清洗为主或被清洗零件不宜加热时，则选用低温型清洗剂。采用机械清洗和压力喷淋时，要选用低泡沫的清洗剂。

（4）注意清洗剂的浓度。清洗剂的浓度与清洗效果有很大的关系，一般随着浓度的增加，去污能力也相应增强，但达到一定浓度后，去污能力不再明显提高。一般浓度控制在3%~5%为宜。若按照产品使用说明书配制的清洗剂浓度去污效果不理想时，则不应再加大清洗剂浓度，而应另选其他配方的清洗剂。

（5）要掌握好清洗剂温度。一般情况下，随着清洗剂温度的升高，其去污能力也随之提高，但超过一定温度后，去污能力反而下降。所以，每一种清洗剂都有一个最适宜的温度范围，并不是温度越高越好。特别是非离子型清洗剂，当加热到一定温度时，清洗剂便出现混浊现象，此时的温度称为浊点，活性剂在水中的溶解度下降，某些成分因受热发生分解而失去作用，去污能力反而降低。因此，非离子型清洗剂的温度应控制在浊点以下。

（6）掌握清洗剂的使用时间。一次配制的清洗剂可以多次使用，其使用时间主要取决于清洗零件的数量与清洗剂的污染程度，一般情况下，一次配制的清洗剂可以连续使用1~2周。为了节约清洗剂的用量，提高清洗质量，清洗时应按零件特征，合理安排清洗顺序。如先清洗主要零件与不太脏的零件，后清洗次要零件与比较脏的零件，这样可以延长清洗剂的使用时间。

三、清洗液的配制

1. 清洗液配制的步骤

（1）清洗剂选购后，首先通过使用说明书掌握其使用方法（特别是使用浓度和清洗温度）。

（2）根据清洗零件的多少，确定清洗液的配制数量。

（3）根据需要配制清洗液的数量，计算出金属清洗剂的用量，计算公式如下：

$$清洗剂用量 = 清洗液用量 \times 清洗剂使用浓度$$

例如，金属清洗剂的使用浓度为2.5%，如果需要配制100 kg的清洗液，则清洗剂的用量为：

$$清洗剂用量 = 100 \times 2.5\% = 2.5（kg）$$

（4）按清洗剂需用量，将其放入容器（清洗盆或清洗槽）中，然后按比例将溶剂倒入容器中，并进行搅拌使之混合均匀，同时控制温度，使其达到使用要求。

2. 碱性清洗液的配制（见表 4—2）

表 4—2　　　　　　　　　　碱性清洗液的配制

种类	名称	质量分数/ %	适用范围
1	氢氧化钠 碳酸钠 硅酸钠 水	0.5 ~ 1 5 ~ 10 3 ~ 4 余量	碱性较强，能清洗矿物油、植物油和钠基脂，适用于一般的钢铁件
2	氢氧化钠 磷酸三钠 硅酸钠 水	1 ~ 2 5 ~ 8 3 ~ 4 余量	同上
3	氢氧化钠 磷酸钠 碳酸钠 硅酸钠 水	0.5 ~ 1.5 3 ~ 7 2 ~ 5 1 ~ 2 余量	适用于铜及其他合金件
4	磷酸三钠 磷酸二氢钠 硅酸钠 烷基苯磺酸钠 水	5 ~ 8 2 ~ 3 5 ~ 6 0.5 ~ 1 余量	碱性较弱，适用于钢及铝合金件

3. 常用金属清洗剂的配制（见表 4—3）

表 4—3　　　　　　　　　　常用金属清洗剂的配制

种类	型号规格	清洗液浓度/%	使用温度/℃	清洗方法	适用范围	备注
1	FCX – 52 固态粉末或颗粒	2 ~ 3（其余为水）	15 ~ 40	浸泡、刷洗、擦洗	代替汽油、煤油和三氯乙烯清洗金属零部件上的润滑油（脂）和防锈油	清洗后在 FTC – 3 脱水防锈剂中浸泡 1 min，即可防锈
2	32 – 1 棕黄色黏稠液体	3 ~ 5（其余为水）	室温或 50 ~ 80	刷洗、擦洗	代替汽油、煤油和三氯乙烯清洗各种机电产品的零部件、轴承和齿轮等金属制品上的油污或防锈油等	清洗中应视使用情况，经常补充清洗剂，以保持其浓度
3	TM – 1 浅黄色透明液体	5（其余为水）	40 ~ 50	浸泡、刷洗、擦洗	清洗钢、铁材料制品或铝、铜及其合金制品上的防锈油（脂），内燃机积炭，沥青质污垢，机械润滑油（脂）等	清洗铜合金零部件时，可在配液中加入 0.01% 的苯并三氮唑

单元
4

续表

种类	型号规格	清洗液浓度/%	使用温度/℃	清洗方法	适用范围	备注
4	SS－2	10～12（其余为水）	50～60，轻油污可在室温下清洗	刷洗、擦洗	铜、钢、铝合金和铜合金等制品上的机械油、油污和润滑油等	

4. 化学清洗液参考配方（见表4—4）

表4—4 化学清洗液的配制

种类	名称	质量分数/%	适用范围
1	664 清洗剂	0.8	对钢铁工件上的油脂、钙皂、钡皂有良好的清洗效果，并有较好的中间防锈作用
	平平加清洗剂	0.6	
	油酸[2]	1.6	
	三乙醇胺[1][2]	0.8	
	亚硝酸钠[1]	0.6	
	水	余量	
2	平平加清洗剂	0.6	对钢铁工件上的油脂、钙皂、钡皂有良好的清洗效果，并有较好的中间防锈作用
	聚乙二醇[1]	0.3	
	油酸[2]	0.4	
	三乙醇胺[1][2]	1.0	
	亚硝酸钠[1]	0.3	
	水	余量	

注：①缓蚀性。
②稳定性。

四、清洗方法

1. 配制好适当的浓度

不同的零件应配制不同浓度的清洗液。金属清洗剂的效果与清洗液的浓度有关，但浓度增加到一定值时，清洗性能不会再有明显改善。清洗一般零件，浓度以2%～3%为宜；清洗重垢零件，浓度以5%为宜；清洗后桥齿轮及轴类零件，浓度以3%～4%为佳。

2. 控制和掌握好温度

在一定的温度范围内，金属清洗剂有利于油垢及油脂的溶解。因此，应严格按各种金属清洗剂所规定的适宜温度范围进行清洗。夏季清洗一般零件可在常温下进行；春秋季节应适当加热或用温开水配制清洗液；冬季一定要加热，当清洗重垢零件时，温度应适当提高。加热可采取浸煮或直接加热水等方法，根据具体情况而定。

3. 掌握正确的清洗方法

清洗液配好后，应用两个清洗容器分别进行粗洗和精洗。清洗前，对表面污垢厚、

单元 4

积炭多的零件先进行刮、擦，然后浸在粗洗容器中浸泡一定时间，再由粗洗到精洗。清洗时应先清洗精密零件，然后再清洗一般零件。清洗曲轴等零件的水道、油道时，最好用压力枪或其他喷射工具进行加压冲洗。清洗一定时间后，应将精洗容器内的清洗液倒入粗洗容器内，然后再换上干净的清洗液，以保证精洗质量。使用时还应检查 pH 值，若 pH ＜7，则应补充清洗剂，以保证清洗质量。

4. 不使用失效的清洗剂

购买和使用时要注意清洗剂的有效期，不使用失效的清洗剂。金属清洗剂应定量配制，并尽量现用现配。报废后的清洗液若数量较少，对环境污染甚微；若数量较多时，会污染环境，需按废液处理。清洗后的农机零件应擦干或晾干后再使用。

五、使用金属清洗剂的注意事项

1. 对于油污和积炭层较厚的零件，应先用擦、刷、刮等机械方法做预先处理，这样处理的零件容易清洗干净。

2. 清洗液的使用浓度和使用温度，必须按产品说明书要求严格控制，不要误以为浓度越大、温度越高清洗效果就越好。

3. 清洗液可多次使用，使用时间取决于清洗零件的数量和污染程度，一般可连续使用 10～15 天。为节约起见，粗洗和精洗可分容器进行。

4. 用过的废液应挖坑埋掉。废液量较多时，可加入 0.2% 氯化钙和 0.1% 明矾，沉淀 1～2 天后，漂出浮油，然后排放，以免污染环境。

第二节 胶黏剂的使用

单元 4

一、胶黏剂的选择

选择胶黏剂主要根据是被胶接零件的材料、受力情况、工作温度和外形尺寸等，具体原则如下：

1. 胶接强度应能满足工件受力的大小和形式的要求。
2. 胶接层的耐热、耐油、耐水、耐腐蚀和耐老化性能应适应工件的工作环境条件。
3. 毒性小，成本低，取材方便，所需要的设备简单。

常用胶黏剂的具体选择可参见表 4—5。

表 4—5　　　　常用胶黏剂的特点及适用范围

牌号及主要成分	主要特点及固化条件	适用范围
农机 I 号环氧树脂胶黏剂	双组分，通用型胶黏剂。室温 3～5 h 固化或 1 h、60℃固化。操作简便，粘接强度较高，耐水、耐油、耐腐蚀，密封性好	120℃以下受力不大的零件粘接、修复、堵漏以及气孔、砂眼

牌号及主要成分	主要特点及固化条件	适用范围
农机Ⅱ号环氧树脂胶黏剂	双组分，通用型胶黏剂。除机械强度略低外，其余同农机Ⅰ号胶黏剂	填补等
KH-520环氧树脂胶黏	双组分，通用型胶黏剂。24 h、8~15℃固化	温度不高于60℃，受力不大的零件粘接、堵漏及修复
914环氧树脂胶黏剂	双组分，通用型胶黏剂。室温3~5 h固化，粘接强度较高	可用于工作温度为±60℃零件的小面积快速粘接。不能粘接塑料及有机玻璃
J-19环氧树脂胶黏剂	单组分，高强度胶黏剂。在50~80℃下涂胶，在100℃下放置1.5 h后黏合，在49 kPa的压力下，3 h、180℃固化。粘接强度较高，韧性及耐热性好	适用于受力较大零件的胶接
J-04钡酚醛-J睛胶黏剂	单组分，耐高温胶黏剂。两次涂胶，每次涂胶后晾置20 min，再在80℃放置50~60 min后黏合。在0.3 MPa压力下，2 h、160~170℃固化。弹性好，中等强度，耐老化	适合于工作温度在-60~75℃受力不大的零件的胶接，特别适合离合器片、制动片的胶接
Y-150厌氧密封胶	单组分，室温24 h或加促进剂1 h固化。密封、防漏、防松性能好	适用手管螺纹接头、平面法兰接合面的耐压紧固、密封、防松和防漏
502（或501）丙烯酸酯快速胶黏剂	单组分，室温下12 min初步固化，24 h达最高强度。使用方便，但机械强度较低	适用于工作温度在-50~70℃受力不大的零件的粘接或定位
氧化铜-磷酸铝无机胶黏剂	双组分，通用型耐高温胶黏剂。氧化铜与磷酸铝的配比为3.5~4.5 g/mL。室温24 h固化，或红外线加热至60~80℃、4~6 h固化。耐高温，承压能力强；但胶接层较脆，耐冲击性能差	适用于承受冲击载荷不大、工作温度较高（600~900℃）的零件的胶接

单元 **4**

二、胶接实例

1. 破裂缸体的胶接

图4—1所示为一缸体外侧壁的破裂情况，其胶接修复要点如下：

（1）损坏部位承受载荷不大，且工作温度也不高。但由于裂口过长，故选用农机Ⅰ号胶补与分段点焊、加贴玻璃纤维布相结合的修复方案。

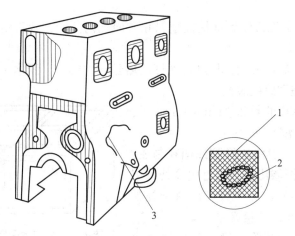

图 4—1　缸体破裂胶接修复示意图

1—玻璃纤维布及胶黏剂　2—焊点　3—裂口

（2）若裂口已向外凸起，首先要锤打校正，使其恢复原位。然后分段点焊，焊点间距约 50 mm。

（3）初清洗后，用手砂轮或砂纸打磨被粘表面，清除漆皮和锈迹，露出金属光泽，然后用丙酮将其清洗干净。

（4）在清洗干净的被粘表面均匀涂敷已调制好的农机Ⅰ号胶液，并贴敷一层玻璃纤维布。

（5）胶接后，常温下进行 3～5 h 固化。

2. 机体两缸套座孔之间断裂的胶接

如图 4—2 所示为某机体两缸套座孔之间的断裂情况，其胶接修复要点如下：

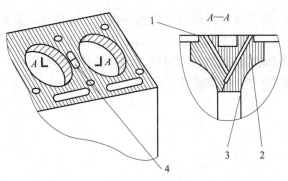

图 4—2　机体两缸套座孔之间断裂胶接修复示意图

1—金属扣　2—裂纹断面及胶接部位　3—断面　4—裂纹

（1）由于损坏部位受力较大，工作温度较高，故选用无机胶黏剂胶接与嵌入金属扣、栽入销钉加强的修复方案。

（2）在横跨裂纹的两侧开对称的槽坑，并制作尺寸相应的金属扣。

（3）在裂纹两端顺裂纹方向钻两直径为 3 mm 的斜销钉孔，并制作直径为 2.9 mm

单元 4

的销。

（4）用调制好的无机胶黏剂粘接金属扣和向孔内注胶，栽入销钉，使胶液完全充满断裂口处。

（5）室温放置 2 ~ 3 h 后，用红外线灯加热至 60 ~ 80℃，固化 3 ~ 5 h。

3. 蓄电池壳壁裂纹的胶接

蓄电池壳壁裂纹的情况如图 4—3 所示，其胶接修复要点如下：

（1）蓄电池壳一般由硬橡胶或塑料制成，且裂纹处经常有酸液渗出，故需对裂纹处采用特殊清洗处理，选择 KH – 520 环氧树脂胶黏剂和外贴玻璃纤维布的胶接修复方案。

（2）将壳壁沥青刮除干净，并用氢氧化钠水溶液（5 g/L）清洗破裂处，然后用热水冲洗后晾干。

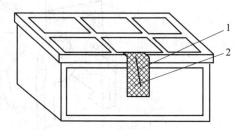

图 4—3　蓄电池壳壁裂纹的胶接修复
1—裂纹　2—玻璃纤维布及胶黏剂

（3）在裂纹处开出 V 形坡口。

（4）将调制好的胶液加入少量石墨粉涂敷，表面加贴一层玻璃纤维布。

（5）室温固化 24 h。

三、胶黏剂的使用注意事项

1. 被胶接的零件表面一定要清洗干净，否则会降低胶接强度。

2. 胶接的零件在固化时，适当施加压力，胶接效果会更好。

3. 胺类固化剂有毒，使用时不要与皮肤直接接触，应戴口罩和手套，并在通风处操作。

4. 汽油、丙酮、香蕉水等易燃物品应远离火源，并备有消防器材。

5. 在固化过程中，不能变动零件胶接面的相互位置，否则会影响胶接效果。尽可能在较低的温度下调和胶液和胶接，以延长胶黏剂的使用时间。

6. 调胶工具使用完毕，应立即清洗干净。

单元
4

第5单元

拖拉机及农用车的修理、
保养及故障排除

第一节 修理的工艺过程

拖拉机、农用汽车的修理工艺是由一系列修理工序组成的，并按照一定的顺序进行，整个工艺过程如图5—1所示。

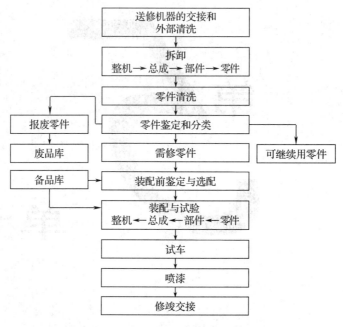

图5—1 拖拉机、汽车的修理工艺过程

第二节 拆卸、清洗、安装 及其技术要求

一、拆卸及其技术要求

1. 拆卸的基本原则和注意事项

（1）应弄清机器各部分的构造原理，遵循一定的拆卸顺序。

（2）应掌握合适的拆卸程度，总的原则是：可不拆的尽量不拆，该拆的必须拆。

（3）应使用合适的拆卸工具和专用设备。

（4）拆卸时要为装配做准备。对于非互换性的零件和配合件，应该对原有记号重新做标记或成对放置。

2. 典型连接件的拆卸方法

（1）螺纹连接件的拆卸

1）锈死螺纹的拆卸，步骤如下：

①用煤油浸润 20～30 min 后再拧出。

②用锤子敲击螺钉头及螺母四周，振碎锈层后，往拧紧方向少许施力，再向拧出方向施力，如此反复，可逐渐拧出。

③用喷灯加热螺母，使螺母受热膨胀，趁螺杆尚未受热时，迅速拧松螺母。

④用螺栓松动剂喷洒，稍后即可拧出。

2）断头螺钉的拆卸，方法如下：

①用锤子和钝口扁錾，向螺钉松动方向慢慢剔出。

②可在螺杆端面上钻孔，然后楔入多棱体将其拧出，或者用反扣丝锥将其拧出。

③当断头高出机体表面时，将其锉成方形拧出或锯出槽口，用一字旋具拧出。

3）双头螺栓的拆卸。将两个螺母旋紧在螺栓一端，拧动下面的螺母，双头螺栓即可拧出。

4）成组螺纹连接件的拆卸。应按对角线由两端向中间对称地拆卸。并先将全部螺钉或螺母拧松半圈至一圈，逐次解除预紧力后，再逐个卸下。

（2）过盈配合件的拆卸

1）拆卸前应弄清拆卸的方向和配合件间有无销钉、螺钉或卡簧等补充固定装置。

2）专用工具的受力部位要正确。

（3）铆接件的拆卸

一般是将铆钉头铲去，然后用合适的冲子将旧铆钉冲出；也可用合适的钻头把铆钉钻掉。

二、清洗及其技术要求

1. 外部清洗

外部清洗的目的是清除拖拉机、汽车外部大量尘土和油泥污垢，便于拆卸和发现外部损伤，避免将大量污垢带入车间。清洗方法一般用自来水或高压水流冲刷。外部清洗前应将电气设备拆下，以免受潮。

2. 零件的清洗

根据其工艺过程可分为鉴定前清洗、修复前清洗和装配前清洗等。对零件清洗工作总的要求是：清洗干净，清洗效率高，材料费用低，不损坏零件，有利于安全生产。

（1）清除油污

清除油污常用的方法有机械法和化学法两种，采用擦、刷、刮等方法清除油污为机械除油法，利用能与油脂起化学作用的溶液使油脂脱离零件表面的方法为化学除油法。在实际清洗中，往往是两种方法同时并用。

下面介绍有关的化学除油溶剂。

1）有机溶剂。常用的有机溶剂有汽油、煤油、柴油、丙酮等，使用它们清洗零件，具有简便易行、去污能力强、不需加温、对金属无损伤等优点。但价格较贵，耗费能源，易发生事故。此法常用于清洗拖拉机、汽车的某些精密零件以及曲轴油道和连杆油道等。

2）碱性化学除油剂。按照一定的配方，配制成碱性除油溶液来清洗零件，也是应

单元
5

用较广的传统方法。此法主要用于清洗一般零件，不适合清洗精密零件。

3）金属清洗剂。金属清洗剂具有去污能力强、节能、安全、对人和零件无伤害、使用方便、易于保管和运输等一系列优点，拖拉机、汽车的一般零件和精密零件均可采用金属清洗剂清洗。

（2）清除水垢

在发动机长期工作过程中，冷却水里的一些盐类逐渐沉积在冷却系统的孔壁和管壁上，即形成水垢。水垢的导热性差，易使发动机过热，在修理时应予以清除，一般多用盐酸或磷酸溶液清除水垢。

（3）清除积炭

1）机械法清除积炭。即使用金属丝刷、刮刀、砂布等清除零件上的积炭。此法简单，但效率低，有时零件的某些部位，由于工具接触不到，清洗不彻底，而且容易使零件表面产生刷刮的伤痕，这些伤痕容易引起再积炭。

2）化学法清除积炭。即利用积炭清洗剂来清除积炭。一般积炭清洗剂只能使积炭产生有限的溶解，而主要是靠清洗剂分子向积炭层内部扩散，使它逐渐松弛变软，随后辅之以机械法清除干净。

（4）除锈

1）机械法除锈。常用钢丝刷、刮刀等刷刮金属锈蚀表面，或者用砂布或涂有砂粒的布砂轮打磨或抛光零件的锈蚀表面。

2）化学酸洗法除锈

①喷漆前酸洗。用2%的磷酸溶解在80℃水中进行酸洗，零件酸洗后不需用水冲洗。

②镀覆前酸洗。一般用5%～10%浓度的硫酸溶液或10%～15%浓度的盐酸溶液进行酸洗，酸洗后还需用清水冲洗。

三、安装及其技术要求

1. 遵循正确的安装顺序。安装是拆卸的逆过程，一般应按照由内向外逐级装配的原则，并遵循由零件装配成部件，由零件和部件装配成总成，最后装配成机器的顺序进行。

2. 注意安装前零件的清洗和润滑。

3. 做好安装前零件的检查和选配工作。

4. 螺纹连接件的安装要使用合适的扳手，用力要均匀，大小要适当。

5. 螺纹组装配时，必须按照从里向外、对称交叉的顺序进行，并做到分次用力，逐步拧紧。对于规定扭矩的螺钉需用扭矩扳手拧紧，并达到规定的扭矩。

6. 紧配合件的装配，一般采用压合方法。过盈量较大的配合件可辅之以加热外套的方法来获取较大的配合紧度。

7. 滑动轴承等配合件的装配，需保证合适的间隙。轴和轴瓦接触面要均匀，并达到所要求的面积。

8. 做好零件标记和装配记号的核对工作，保证零件之间正确的位置和运动关系。

9. 注意密封零件和安全锁紧零件的技术状态，以防漏气、漏水、漏油和其他机械事故的发生。

10．装配时尽量使用专用工具和专用设备。

第三节　保养

一、拖拉机的一般保养

国产拖拉机定期保养分为一、二、三、四号保养，习惯上称一、二号保养为低号保养，三、四号保养称高号保养，高号保养包含低号保养的内容。高号保养属于技术保养，难度较大，初级学者应先掌握低号保养，下面介绍低号保养的基本知识。

1．一号保养（一般每工作 100 h 进行）

（1）完成班次技术保养的各项内容。

（2）检查并调整 V 带的张紧度。

（3）检查分离杠杆与分离轴承的间隙。

（4）检查并调整转向器、离合器踏板、制动器踏板的自由行程。

（5）检查气门间隙，必要时进行调整。

（6）更换发动机冷却水。

（7）清洗燃油滤清器和液压油滤清器；清洗空气滤清器，更换新机油；清洗机油滤清器。

（8）检查喷油泵紧固情况。

（9）检查变速箱加油螺孔是否堵塞。

（10）检查蓄电池电解液，不足时添加；并检查通气孔是否堵塞。

（11）检查钢板弹簧是否断裂、错开，螺栓是否完好。

（12）检查和调整制动蹄间隙。

（13）检查并紧固传动箱和联轴器各连接部位。

（14）检查车灯并调整大灯光束。

（15）检查驾驶室前后支座的连接情况。

2．二号技术保养（一般工作 500 h 进行）

（1）完成一号技术保养的各项内容并加注润滑脂。

（2）检查 V 形带、离合器摩擦片和制动蹄片的磨损情况，必要时更换。

（3）检查各轮毂轴承的松紧度，进行必要的调整，并加注润滑油（脂）。

（4）清洗发动机冷却水道。

（5）检查各处油封的密封情况，必要时更换。

（6）检查发电机电压是否正常，检查电路接头紧固情况，并清除各电气设备上的积尘。

（7）检查液压系统接头紧固情况，并清除各部件上的积尘。

（8）清洗燃油箱、液压油箱、发动机曲轴箱、变速箱、主传动器，并更换新油。

单元 **5**

（9）清洗曲轴连杆轴颈内腔，并冲洗油道。

二、拖拉机的高号保养

1. 三号技术保养

（1）完成二号技术保养的各项内容。

（2）清洗柴油粗、细滤清器壳体内部，并更换滤芯；清洗油箱及顶盖填料；清洗冷却系统；清洗液压系统油路、滤清器和油箱等，并更换液压油。

（3）趁热放出后桥壳中的润滑油，用柴油清洗后注入新的润滑油；清洗喷油泵、调速器、启动机减速器、支重轮、导向轮、随动轮的润滑油腔并加新的润滑油（脂）。

（4）检查前轮轴承的轴向间隙、离合器间隙、制动器间隙、火花塞电极间隙、磁电机白金间隙、驱动轮轴承间隙、支重台车和支重轮的轴向间隙，必要时对它们进行调整。

（5）检查喷油器的工作压力和喷雾质量。

（6）检查启动机及自动分离机构。

2. 四号保养

（1）完成三号技术保养的各项内容。

（2）清除冷却系统水垢。

（3）拆下气缸盖，清理积炭，检查气门的密封性，必要时加以研磨。

（4）检查清除曲轴连杆轴颈内腔中沉积的油垢。

（5）检查连杆螺栓、主轴承螺栓紧固情况。

（6）清洗机体各主油道。

（7）清洗离合器的摩擦片和制动带上的摩擦片表面。

（8）检查水泵泄水孔，必要时更换水封。

（9）检查并调整启动机和电气设备。

第四节 简单故障排除

一、烧损气缸垫

1. 现象

（1）在相邻两气缸间烧损，则两缸压力均不足，工作时冒烟，发动机无力。

（2）在气缸与水套间烧损，则水箱有气泡上冒，水温升高。

（3）在气缸与润滑油孔间烧损，机油温度上升，送往配气机构的机油带泡沫。

（4）在气缸与润滑油孔及冷却水套之间同时烧损，在水箱上漂有机油泡沫，油底壳有水，能由排气管排出机油和水气。

（5）在气缸与大气相通部位烧损，如螺栓孔、缸垫边缘部位、漏气处有"嘶嘶"声和淡黄色烟气。

2. 原因

（1）气缸垫压紧力不足或不均，气缸盖螺母松动或拧紧次序不正确。

（2）缸盖或机体翘曲变形；缸盖或机体平面被局部腐蚀，出现斑点或凹坑。

（3）缸套凸出缸体高度不足，或各缸凸出的高度不一致。

（4）气缸垫质量不好，有皱纹或厚薄不均。

（5）发动机温度过高。

3. 排除方法

（1）发动机换用新气缸垫后，工作 10 ~ 15 h，应按规定顺序拧紧气缸盖螺母，以后每工作 250 h 左右再检查并拧紧一次。

（2）修平机体与气缸盖间的接合面，修理或调整气缸套凸出高度至规定值。

（3）装气缸垫前可在两面涂刷 0.03 ~ 0.05 mm 石墨膏（或密封胶），以增加贴合的严密性。

（4）气缸垫稍有烧损，应立即更换。

二、气门关闭不严

气门（value）的作用是专门负责向发动机内输入燃料并排出废气，传统发动机每个气缸只有一个进气门和一个排气门。这种设计结构相对简单，成本较低，维修方便，低速性能较好；缺点是功率很难提高，尤其是高转速时充气效率低、性能较弱。为了提高进排气效率，现在多采用多气门技术，常见的是每个气缸布置 4 个气门（也有单缸 3 或 5 个气门的设计，原理一样），4 气缸一共就是 16 个气门，我们在汽车资料上经常看到的"16V"就表示发动机共 16 个气门。这种多气门结构容易形成紧凑型燃烧室，喷油器布置在中央，这样可以令油气混合气体燃烧更迅速、更均匀。各气门的重量和开度适当的减小，使气门开启或闭合的速度更快。

凸轮轴是发动机配气机构的一部分，专门负责驱动气门按时开启和关闭，作用是保证发动机在工作中定时为气缸吸入新鲜的可燃混合气体，并及时将燃烧后的废气排出气缸。凸轮轴直接通过摇臂驱动气门，很适用于高转速的轿车发动机，由于转速较高，为保证进排气和传动效率、简化传动机构、降低高转速的振动和噪声，多采用顶置式气门和顶置式凸轮轴，这样，发动机的结构也比较紧凑。任何事物都有两面性，顶置式凸轮轴的缺点是：由于部件的布置设计比较复杂，维修起来也比较麻烦，但衡量利弊，它还是比较适合于轿车。

农用车发动机按照顶置凸轮轴的数目，分为顶置单凸轮轴和顶置双凸轮轴。当每缸采用两个以上气门时，气门排列形式一般有两种：一是进气门和排气门混合排列在一根凸轮轴上，即顶置单凸轮轴（SOHC）；另一种是进气门与排气门分列在两根凸轮轴上。前者的所有气门由一根凸轮轴通过顶杆驱动，但因气门在进气道中所处位置不同，所以不能保持动作的精确性，效果要稍差一些；而后者则无此缺点，可以获得更好的性能，但需多配备一根凸轮轴，这就是顶置式双凸轮轴（DOHC），近年来推出的新型发动机多采用这种形式。一般来说，SOHC 的运动性能比较高，F1 赛车应用较多，但是制造工艺复杂，成本较高；DOHC 的相对配置较简易、使用耐久性较好，既可以适应一般客户

单元

5

的动力性要求，也可以适应其对经济性的要求。

1. 现象

气缸压力减小，听到漏气声；发动机冒黑烟，功率下降；不减压时摇转曲轴发动机启动困难。

2. 原因及排除方法

（1）气门与气门座之间有积炭或烧蚀，甚至出现剥落、烧伤、斑点等缺陷。前者应研磨气门；后者则先磨气门和铰修气门座，再进行研磨。

（2）气门与气门导管配合间隙不正确，间隙过大，气门晃动，关闭时会产生偏斜，造成密封不良；间隙过小，气门在导管中卡滞，使气门不能关闭或关闭不严。应检查气门导管的配合间隙，必要时更换气门导管。

（3）气门弹簧弹力不足或折断，使气门不能关闭或关闭不严，应更换气门弹簧。

（4）气门间隙过小，使气门等杆件受热后顶开气门，应重新调整气门间隙。

三、机油消耗过多，油面降低较快

1. 现象

发动机每天需要添加过多的机油，即说明机油消耗过多。机油消耗量一般每千瓦小时不大于 6.8 g 为正常。

2. 原因

外部泄漏或部分机油窜入燃烧室烧掉。

3. 排除方法

（1）如果是由于泄漏引起的，应对泄漏处进行修补。

（2）如果是由于烧机油引起的，排气管冒蓝烟，应检查活塞环的磨损情况或更换新的活塞环。

（3）如果活塞与缸套偏磨严重，造成烧机油，应进行检查修理。

四、冷却水温度过高

1. 原因

（1）冷却水不足。

（2）风扇皮带过松或折断。

（3）冷却系统水垢过多，散热不良。

（4）节温器失灵，主阀不能打开。

（5）水泵工作不良。

（6）发动机长期超负荷工作或喷油时间过晚等都可能引起发动机过热。

2. 检查与排除方法

（1）检查水量。待发动机温度下降后，打开水箱盖，如冷却水不足，应在水温下降后加足冷却水。

（2）检查风扇皮带的松紧度，如不适宜则调整。

（3）如果散热器和水套的水垢长期未清洗，应进行清洗。

（4）检查水泵叶片的磨损情况和水泵固定销是否折断，如有问题应予以修理。

（5）检查节温器。拆下节温器放入热水中，当水温达到70℃左右时，主阀应开始打开；在86℃时，应全部打开，阀门开度一般不小于9 mm。如不符合要求，应修复或更换。

（6）避免发动机长期超负荷工作。

五、离合器分离不彻底

1. 原因

（1）离合器踏板自由行程过大，使分离行程变小。

（2）三个离合器分离杠杆头部不在同一平面。

（3）从动盘翘曲过大。

2. 排除方法

（1）调整分离杠杆与分离轴承的间隙（自由间隙），确保三个分离杠杆头部在同一平面内。

（2）矫正从动盘或更换新件。

单元

5

第6单元

拖拉机的拆装

拖拉机按照动力大小，可分为小型拖拉机、中型拖拉机和大型拖拉机。小型轮式拖拉机是指功率在 8.8~14.7 kW（12~20 马力）的小型轮式拖拉机，代表机型如中国一拖集团有限公司生产的东方红 LX750 轮式拖拉机；中型轮式拖拉机指功率在 14.7~36.8 kW（20~50 马力）的轮式拖拉机，代表机型为雷沃 M500 - B 轮式拖拉机；大型轮式拖拉机指功率在 50 马力以上的轮式拖拉机，如奇瑞重工股份有限公司生产的RV1854 轮式拖拉机。

第一节 大中型拖拉机部分部件的拆装

一、发动机的拆装

1. 发动机机体解体

（1）放出油底壳内的机油（必须有拆卸放油螺栓的动作）。

（2）拆下气缸盖罩、气缸盖（其螺栓应从两端向中间分次、交叉拧紧）。

（3）拆下凸轮轴轴承盖紧固螺栓，不能一次全部拧松，必须分次从两端到中间逐步拧松，抬下凸轮轴。

（4）转动发动机翻转架，拆下油底壳。

（5）拆卸机油泵（并将油泵分解）、机油滤清器。

2. 活塞连杆组的拆卸

（1）旋转曲轴，使所有的活塞在气缸筒内保持同一高度，用铲刀清洁气缸体上平面。

（2）将指定活塞连杆旋转到上止点位置，检查连杆是否有明显弯曲现象，检查活塞连杆组的序号是否与气缸体上的序号一致，如图 6—1 所示。

（3）将指定活塞连杆旋转到下止点位置，用抹布清洁气缸。

（4）翻转台架，使油底壳位置向上。

（5）检查或设置装配标记（如果无原车标记，用记号笔在连杆和连杆轴承盖上做记号），如图6—2 所示。

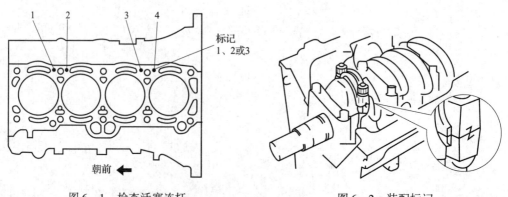

图6—1 检查活塞连杆   图6—2 装配标记

（6）用指针式扭力扳手和14#套筒分2次旋松连杆螺母，手旋并取下螺母。

（7）用橡胶锤轻敲连杆螺栓，取出连杆盖（注意连杆轴承不要掉落），同时取下下盖上的连杆轴承，如图6—3所示。

（8）套上连杆螺栓保护套（见图6—4）。

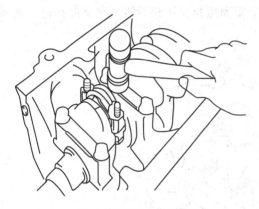
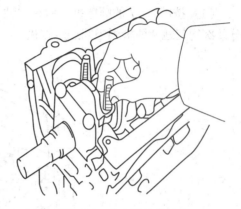

图6—3　取出连杆盖　　　　　　　图6—4　套上螺栓保护套

（9）用榔头柄在合适的位置推出连杆活塞组（用左手在缸体上平面处扶持住）。

（10）取下连杆螺栓上的护套，取下连杆和连杆轴承盖上的连杆轴承，并按顺序摆放。

（11）用抹布清洁活塞连杆、活塞环、连杆轴承（两片，并注意原来的安装位置摆放）、连杆轴承盖、连杆螺母、气缸筒和连杆轴颈。

（12）用压缩空气吹净上述清洗零件。

3. 活塞连杆组的分解

（1）用活塞环装卸钳拆下活塞环（见图6—5），观察活塞环装配记号。

（2）将活塞连杆组浸入60℃热水中，并在热状态下拆下活塞销和活塞（见图6—6）。

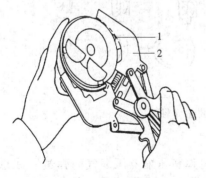
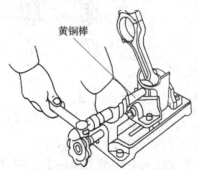

图6—5　拆卸活塞环　　　　　　图6—6　拆卸活塞销
1—活塞环　2—活塞环装卸钳

完成上述作业后，仔细观察活塞连杆组各零件的结构、作用和特点，及各零件间的相互连接关系。

单元

6

4. 曲轴飞轮组的拆卸

（1）将气缸体倒置在工作台上，检查主轴承盖上有无记号，如无记号按顺序做好记号。

（2）旋出飞轮固定螺栓，从曲轴凸缘上拆下飞轮。

（3）按图6—7的顺序拆下曲轴主轴承盖紧固螺栓。注意不能一次全部拧松，必须分几次均匀地从两端到中间逐步拧松。

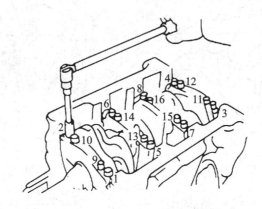

图6—7　曲轴轴承拆卸顺序

（4）抬下曲轴，再将轴承盖及轴瓦按原位装回（见图6—8），并将固定螺栓拧入少许。

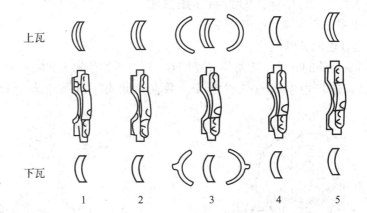

图6—8　轴承端盖及轴瓦

（5）气门的拆卸，步骤如下：

1）将气缸盖平放于工作台上，使用气门弹簧压缩器压缩气门弹簧（注意压缩位置），如图6—9所示。

2）用镊子取出锁片，并将锁片按组放好。

3）旋松气门弹簧压缩器，取出气门弹簧，从气缸盖下端取出气门，并将气门及气门弹簧按原位放回，如图6—10所示。

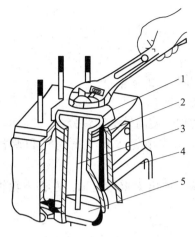

图6—9　用拉缸器拆卸气缸套
1—横梁　2—气缸套　3—拉杆
4—机体　5—托盘
注：只需拆装两个气门即可。

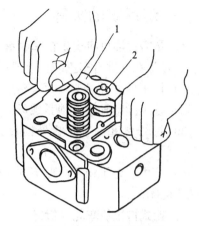

图6—10　拆卸气门组件
1—气门拆装工具　2—气门锁夹

二、传动系统的拆卸

1. 离合器的拆卸

（1）在离合器盖和压盘上做好记号。

（2）用专用压具压缩压盘弹簧（如离合器盖与压盘之间有工艺螺栓孔，可用螺栓拧入螺栓孔，也能将压盘压缩），拆下分离杠杆调整螺栓的开口销和调整螺母。

（3）松开压具（拆下工艺螺栓），压盘即可与离合器盖分离，取下离合器盖、压盘弹簧、垫圈，并从压盘内取出分离拉杆。

（4）将拆下的分离拉杆、弹簧、垫圈及螺母套好，以免错乱。

2. 变速箱的拆卸

（1）拆下变速杆总成、变速杆导板、联锁轴和变速箱盖。

（2）拆下一轴联轴器叉、油封总成、止推垫圈、挡油盘及隔圈。

（3）拆下各挡拨叉和拨叉轴。

（4）拆开前后端各轴承盖、卡环和锁紧螺母等。

（5）用铜棒冲击第一轴后端，使一轴与后轴承内圈分离，从前端抽出一轴，随着轴的抽出拆下一、四挡滑动齿轮和二、三挡滑动齿轮。

（6）用铜棒从前端冲击倒挡轴，使其与前端轴承分离，从变速箱取下常啮合齿轮后再从前端抽出，并取下倒挡滑动齿轮。

（7）用铜棒从前端冲击第二轴，从后端将其抽出，并取下前轴承座齿轮、三挡齿轮和一、四挡齿轮。

（8）拆下集油器、五挡拨叉、五挡轴、溅油齿轮和溅油齿轮轴。

（9）拆下的调整垫片、止推垫圈、间隔套、定位卡簧等要分类摆放，注意防止锁定弹簧和钢球蹦出。

单元
6

三、行走系统的拆卸

1. 履带式拖拉机支重台车的拆卸

一般是在支重台车拆装台上或用专用工具进行拆卸，步骤如下：

1）拆下内、外悬架弹簧（注意避开弹簧的弹出方向）。

2）拧下摆动轴销栓锁紧螺母，压出销栓和摆动轴，使内外平衡臂分解。

3）打开支重轮紧固螺母锁片，拧下螺母，拉出支重轮，卸下密封壳和调整垫片。

4）从内、外平衡臂内取下支重轮轴轴承的外圈，抽出支重轮轮轴，并卸下轮轴上的轴承内圈。

2. 轮式拖拉机车轮的拆卸

（1）车轮从轮轴上的拆卸

1）拆卸前，把要拆卸车轮的一侧用千斤顶顶起，使车轮离开地面。

2）用专用扳手将轮辐与轮毂连接的螺栓（母）拧下，即可卸下车轮。

（2）轮胎的拆卸

1）先放出内胎的空气，把外胎两边的胎缘压到轮圈的凹槽内。

2）用撬棍伸入到轮圈内，将气门嘴附近的胎缘撬出轮圈外，再用两根撬棍交替撬出全部。

3）将内胎取出，再用同样的方法撬另一边胎缘，将外胎取出。

四、转向系统的拆卸

1. 从车上拆卸转向器（以铁牛-55型拖拉机为例）

（1）卸下转向臂与转向臂轴的连接螺母。

（2）用锤子慢慢从转向臂轴上敲下转向臂。

（3）拧下转向盘中心处的紧固螺钉，取下护盖。

（4）卸下紧固转向盘的螺母，取下转向盘和转向盘键。

（5）拧下转向器壳体与离合器右侧的连接螺栓，取下转向器总成。

2. 拆卸转向器总成（以铁牛-55型拖拉机为例）

（1）卸下转向器侧盖螺栓、侧盖和密封垫片。

（2）卸下转向摇臂轴调节螺钉的锁紧螺母、止动垫片和调节螺钉。

（3）从侧端取出转向摇臂轴和滚轮。

（4）卸下转向器下盖螺栓、下盖和调整垫片。

（5）从下面取出蜗杆轴承、蜗杆和转向轴。

（6）卸下转向器上盖螺栓、上盖、密封垫和转向柱管。

五、制动系统的拆卸

1. 盘式制动器的拆卸（铁牛-55型拖拉机）

（1）卸下拉杆锁紧螺母、调节螺母，拧下拉杆。

单元 **6**

（2）拧下制动鼓与传动箱体之间的连接螺栓。

（3）取下制动鼓。

（4）拆下制动鼓上的密封罩，取出摩擦盘总成和压力盘总成。

2．蹄式制动器的拆卸（泰山 – 25 型拖拉机）

蹄式制动器的制动鼓一般通过平键固定在最终传动半轴上，制动元件安装在半轴壳体的大端面上。蹄式制动器的拆卸顺序和过程如下：

（1）卸下制动凸轮轴上的摇臂。

（2）卸下驱动轮。

（3）卸下制动鼓紧固螺母，取下制动鼓。

（4）卸下制动蹄。

（5）必要时可卸下制动凸轮轴和支承制动蹄的偏心销轴。

第二节　小型拖拉机的拆卸和安装

一、发动机的拆卸和安装

1．发动机的总体拆卸

在拆卸发动机前，应放出冷却水、柴油和机油。发动机的拆卸次序和方法如下：

（1）拆卸附属部件

1）拆下空气滤清器总成、进气管、消声器总成和排气管。

2）拆下柴油滤清器、输油管、高压油管、喷油器总成和机油管等。

3）拆下水箱和油箱。

（2）拆卸气缸盖罩及气缸盖

1）拧下紧固气缸盖罩的紧固螺母，取下气缸盖罩和垫片。

2）拧下气门摇臂座的紧固螺母，拆下摇臂座总成，抽出进排气门推杆。

3）对角均匀拧下气缸盖螺母，取下气缸盖和气缸垫。

（3）拆卸齿轮室和喷油泵总成

1）拧下齿轮室盖的紧固螺栓，拆下齿轮室盖和垫片。

2）抽出凸轮轴总成和启动轴总成。

3）取下调速齿轮，调整滑盘及飞球。

4）拧下紧固喷油泵总成的螺母，抽出喷油泵总成。

（4）拆卸带轮和飞轮

1）拧下带轮紧固螺栓，取下带轮。

2）用扁錾将飞轮螺母的止推垫圈折边翻平。

3）用专用六角扳手将飞轮螺母拧松，暂不要拧下。

4）用随机所带的飞轮拉出器拉出飞轮。如不易拉出，可用锤子敲击中央螺杆头部。

5）拧下飞轮螺母，取下飞轮。由于飞轮较重，卸下时应注意安全，不要碰坏

单元

6

螺纹。

（5）拆卸机体上盖、后盖和机油泵总成

1）拧下上盖紧固螺栓，取下上盖和纸垫。

2）拔出机油尺，拧下后盖紧固螺栓，取下后盖及纸垫。

3）拧下机油泵总成紧固螺栓，用木棒或铜棒轻轻敲击机油泵总成，并取下机油泵总成和密封垫。

（6）拆卸活塞连杆组

拆卸过程和方法见第一节相关内容。

（7）拆卸主轴承盖和曲轴

1）拧下主轴承盖的紧固螺栓，用两个 M8×25 螺栓旋入主轴承盖两个专用拆卸孔内，交替均匀顶出主轴承盖。如曲轴跟随外移时，应将其推回，以防曲轴滑落。

2）取出主轴承盖，调整垫片和曲轴。

（8）拆卸机油集滤器和油底壳

1）拧下机油集滤器的接管螺栓，取出集滤器。

2）拧下油底壳紧固螺母，取下油底壳和垫片。

（9）拆卸气缸套

拆卸时，用专用工具将气缸套拉出。

2．主要部件的拆装

（1）空气滤清器

1）拆卸

①拧下翼形螺母，取下平垫圈、滤清器盖和橡胶衬垫。

②拿出滤芯总成及垫圈，倒出滤清器壳体内的机油。

2）安装

①将清洁机油倒入滤清器壳体总成内，并达到规定的油面高度。

②向壳体内放入垫圈、滤芯总成，将橡胶衬垫装在壳体上（将台阶面朝向滤清器盖），罩上滤清器盖。然后放上平垫，旋紧翼形螺母。

（2）喷油器

1）拆卸

①拧下喷油器紧帽，取出喷油器偶件。

②拧下回油管接头螺栓，取下两个铜垫圈。

③拧下护帽（螺母），取下紫铜垫圈。

④拧下调压螺钉，取出喷油器弹簧、挺杆、钢球。

2）安装。按拆卸相反顺序安装，但应注意以下几点：

①喷油器偶件应成对调换，不得单独更换其中任一零件。

②将喷油器偶件装在喷油器上时，应保持正确的同心位置，喷油器紧帽必须均匀自由地旋在喷油器上，不允许有局部卡住或过于松动。

③各连接处的垫圈和挺杆下的钢球不得漏装。

单元

6

（3）喷油泵（单体 I 号泵）

1）拆卸

①拧下挺柱体导向螺钉，挺柱体部件自动弹出，依次取出弹簧下座、弹簧、柱塞。

②拧下出油阀紧座，取出出油阀弹簧、出油阀垫圈及出油阀偶件（保存好铜垫片）。

③拧出柱塞套筒定位螺钉。

④自下部滚轮处推柱塞套，从出油阀处取出。

2）安装。按拆卸相反的顺序进行安装，但应注意以下几点：

①柱塞套定位螺钉一定要对准柱塞套上月牙形的定位槽，不能对准圆锥形进油孔。螺钉拧紧后，柱塞套可有微量转动，在轴向上仍能自由滑动，不得有卡滞现象。

②柱塞偶件与出油阀偶件都只允许成对调换。

③出油阀紧座的拧紧力矩为 58.8～78.45 N·m。

④各处垫圈不得漏装。

⑤油泵装配完毕，用手推动滚轮体压缩弹簧，此时用手转动调节臂球头，应灵活自如。

（4）气缸盖

1）拆卸

①将气缸盖平放在台桌上，用气门锁夹拆装工具压下气门弹簧，拆下气门锁夹，取下气弹簧、弹簧座和进排气门。

②用气门导管拆装工具定心铣杆插入导管内，敲击铣杆的端部，拆出气门导管。

③用气门座圈拉出器拉出座圈。

④用铣杆从喷油器孔铣出燃烧室镶块。

2）安装

①将气门导管用安装工具或放在台钻上慢慢压入，注意外圆有锥度的一端向下。装配时先用定心铣杆敲入 1/3，然后套上定位冲头，继续敲击铣杆，直至铣头与缸盖相碰，即导管已到位。检查气门导管高出气缸盖高度，使其达到规定值。

②将进排气门座圈孔擦拭干净后，用气门座圈安装工具或放在台钻上将气门座圈压入，注意座圈内孔有倒角的一端朝外。

③压入燃烧室镶块（加热气缸盖），注意放正喷孔位置。

④将进排气门杆蘸少许机油插入气门导管内，在气门导管外依次放上弹簧下座、弹簧及弹簧上座，压缩气门弹簧装入锁夹。用锤子敲击气门杆顶端数次，以保证锁夹完全进入弹簧上座，卡住气门杆。

（5）气门摇臂组

1）拆卸

①拆下摇臂轴两端的卡簧，取下挡圈，卸下气门摇臂，并抽出气门摇臂轴。

②从摇臂上拧下调整螺钉及其锁紧螺母，并压出或铣出摇臂衬套。

2）安装

①将摇臂、摇臂轴、摇臂轴支座等清洗干净，并检查各机件油孔是否畅通。

单元

6

②将摇臂轴涂上润滑油，按规定次序将摇臂轴支座、摇臂、定位弹簧等装在摇臂轴上。

③将推杆放入挺杆凹座内，拧松摇臂上气门间隙调整螺栓。然后固定摇臂机构，自中间向两端均匀固定，达到规定的拧紧力矩。

④支座固定后，摇臂应能转动灵活。

3. 发动机的总装

（1）总装顺序

1）将主轴承压配在主轴承盖上。

2）压配机体主轴承、凸轮轴前后衬套。

3）装气缸盖螺栓，拧上放水开关。

4）压装气缸套。

5）装机油集滤器部件、油底壳。

6）装上、下平衡轴，滚动轴承，卡簧。

7）装机油泵、平衡轴齿轮。

8）装气门挺柱、凸轮轴、曲轴组件，启动轴衬套和调速齿轮轴，平衡轴端盖和凸轮轴端盖。

9）装主轴承盖组件，调整曲轴轴向间隙，装曲轴油封。

10）装发电机、飞轮和带轮。

11）装活塞连杆组。

12）装启动齿轮轴部件、调速齿轮部件，按记号搭配齿轮系。

13）装齿轮室盖部件，检查、调整凸轮轴轴向间隙。

14）装机体上盖、吊环螺栓、水箱、水箱漏斗组件。

15）装油箱总成、吊环、后盖。

16）检查上止点刻线，装气缸盖。

17）装气门推杆、摇臂组件，调整气门间隙，检查配气定时。

18）装进、排气系统。

19）装柴油滤清器、喷油器。

20）接柴油输油软管，装高压油管、回油管。

21）装气缸盖罩组件，接机油管，调整减压机构。

22）检查、调整供油提前角。

（2）主要部件、组件的总装工艺

1）压装气缸套

①在缸套的阻水圈槽中装入阻水圈，涂以少许机油。注意放正，不得有扭曲现象。在阻水圈圆周上将机油涂抹均匀。

②用气缸套安装工具把气缸套压入机体，注意阻水圈不得被剪切损坏。

③测量气缸套肩部高出机体平面的高度，应符合规定的尺寸。

2）装曲轴

①将平键装在曲轴正时齿轮键槽上，轻轻敲进。加热正时齿轮到100℃，再热套入

曲轴。注意：有记号的一面朝外。

②擦净曲轴和主轴承，并涂上少量机油，把曲轴正时齿轮端从主轴承座孔内小心塞入，塞入时不得径向撬动，以免曲轴轴颈及正时齿轮损坏主轴承表面。

③将选用的垫片涂上密封胶放于主轴承盖上，把轴承盖慢慢推向曲轴，位置应对正，用铜棒或木棒左右、上下均匀敲入，最后用螺栓对角均匀拧紧。

④把曲轴油封套在曲轴上，有自紧弹簧的一面朝向主轴承，在套进曲轴锥面时，应先用薄纸包住锥面，以免键槽口刮伤油封唇口。用两拇指抵住油封内径边缘，防止油封弹簧滑落，推进时应与主轴承盖平面平行，最后用安装套筒将其打到位。

3）装活塞连杆组

①在活塞环、缸套、曲轴连杆轴颈、轴瓦处均匀涂以少量机油，将曲轴转至上止点。

②将连杆从气缸顶面放入气缸并轻轻推入，活塞顶部铲形凹坑的尖顶要朝上。用专用工具或铁皮夹圈夹紧活塞环，用木棒将其轻轻推入气缸，使连杆大头接触曲轴连杆轴颈，然后一边慢慢转动曲轴，一边推活塞，推至下止点位置。

③在机体后盖孔内装上连杆盖，注意连杆盖上的记号应与连杆上的记号在同一侧。将连杆螺栓蘸少许机油旋入孔中，按规定扭矩依次均匀拧紧。

④转动曲柄连杆机构，应灵活，无阻滞现象。最后用镀锌铅丝穿过两个连杆螺栓六角头部的小孔，交叉地将其锁紧。

4）装正时齿轮室

①将调速齿轮组件、启动齿轮轴分别装在调速齿轮轴上和启动齿轮轴衬套内，并把各齿轮啮合记号搭配正确，如图6—11所示。

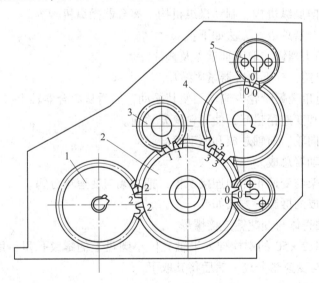

图6—11　齿轮室各齿轮的啮合记号

1—凸轮轴齿轮　2—调速齿轮　3—曲轴正时齿轮　4—启动齿轮　5—平衡轴齿轮

②装上齿轮室盖垫片，用两手托住齿轮室盖慢慢套向启动轴，推到位后用螺栓紧固在机体上。

5）装发电机、飞轮和带轮

①把发电机转子和罩盖一起用螺钉固定在飞轮内侧，将发电机定子用螺钉固定在主轴承盖上。

②将飞轮平键轻轻敲入曲轴键槽内，在曲轴锥面和飞轮锥孔内涂少量机油，把飞轮慢慢套进曲轴，用锤子敲击套筒冲击飞轮使其上紧。装上止推垫圈和飞轮螺母，并用专用扳手拧紧飞轮螺母，拧紧力矩为 400 N·m。将止推垫片翻边锁紧。

③用螺栓将带轮可靠地紧固在飞轮上。

6）装气缸盖

①在机体上放好气缸垫（最好涂上密封胶），注意气缸垫圈边的一面朝向气缸盖，并要放正。

②把气缸盖慢慢套在缸盖螺栓上，在螺栓的螺纹处涂以少许机油，旋上四个缸盖螺母，用扭力扳手对角分次按规定扭矩逐步拧紧。

③将进、排气门推杆两球头沾上清洁机油，从气缸盖的气门推杆孔插入，并使其置于最低位置。

④将摇臂总成套在摇臂轴座的螺栓上，使两摇臂的一端压在气门杆尾端，另一端球形凹坑顶住气门推杆，用螺母把摇臂轴座紧固在气缸盖上。

二、小四轮拖拉机底盘的拆卸和安装

1. 总体拆卸

（1）拆去机罩、带轮防护罩、挡泥板、驾驶座总成等。

（2）拆下转向操纵机构、制动操纵机构、离合器操纵机构等。

（3）拆卸离合器总成，方法如下：

1）拧下半圆头螺钉，取下轴承盖及垫片。

2）拆下开口销，拧下离合器紧固螺母。

3）用铜棒对角轻敲带轮内侧端面使其松动，然后从离合器轴上将其取下。

（4）将机架和变速箱垫起，使车轮离开地面。

（5）拆下导向轮、前轴总成和驱动轮。

（6）拆下制动器总成。

（7）拧下车架与变速箱体的连接螺栓，把车架与变速箱分解。

（8）半轴总成的拆卸，方法如下：

1）拧下半轴壳体与变速箱连接螺母。

2）用两个 M12×50 的螺栓拧入半轴壳体小圆盘上的螺纹孔里，用扳手对称拧进，直到使半轴壳体与变速箱分离，然后将其取下。

2. 主要部件的拆装

（1）离合器

1）拆卸

①拧下带轮盖的固定螺钉，拆开带轮盖，从带轮内取出从动盘总成和主动盘。

②依次均匀地松开调压螺杆上的调整螺母直至拧下，从带轮中取出压盘、离合器弹

簧、封尘圈和小弹簧。

2）安装

①把调整螺杆从压盘光洁的一面插入螺杆孔中并压入到位。在螺杆上装入小弹簧和橡胶封尘圈，拧上专用套钉。

②将浸透机油的毛毡油封嵌入带轮的油封槽内，把涂好黄油的轴承用专用铳头和锤子装入带轮轴承座上（注意轴承防尘罩应朝上），将孔用弹性挡圈装入带轮的卡簧槽里。

③将带轮组合件安置在装配离合器的专用工具上，如图6—12所示。

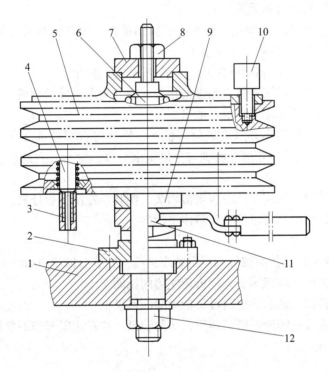

图6—12　离合器安装示意图

1—台板　2—分离爪座　3—套钉　4—离合器调整螺杆　5—离合器
6—轴　7—压块　8—螺母　9—垫块　10—定位钉　11—分离爪　12—螺母

④将离合器弹簧分别放到带轮的弹簧座上。

⑤将压块组件装入带轮。注意：三个调整螺杆必须插入带轮的螺杆孔中，同时离合器弹簧不能歪倒。

⑥依次将从动盘、主动盘和另一片从动盘套在专用工具的花键轴上，使它们在带轮中有个正确位置。注意：两个从动盘的花键凸肩应背向安装，主动盘的三个凸耳应进入带轮相应的槽中，不得出现卡滞，主、从动盘表面不得有油污。

⑦将轴承涂满黄油压入带轮盖的轴承孔内。注意：轴承防尘罩的一面朝下，即朝向从动盘。

⑧将带轮盖组件放在带轮上，用两个定位销钉定位，装上专用工具的压块，旋上

螺母。

⑨逆时针转动专用工具的分离爪手柄，压缩离合器弹簧，使带轮盖与带轮贴紧。取下两个定位销钉，拧上带弹簧垫圈的连接螺钉。

⑩从专用工具上取下带轮组合件，拧下专用套钉，用三根销轴分别把三个分离杠杆装在带轮的支座上，装上平垫圈和开口销，并使分离杠杆外端的缺口正好卡在调整螺杆上。在三个调整螺杆上装上平垫圈、调整螺母和锁紧螺母。

（2）变速箱（泰山-12型拖拉机）

1）拆卸

①拆开变速箱的前盖和后盖。

②卸去变速箱两侧所有端盖，拧下拨叉紧固螺栓，将三根拨叉轴抽出（注意锁定钢球不要掉在箱体里），并取出三个拨叉。

③拆一轴时，向左或向右都可抽出，但最好从右侧抽出。

④拆二轴时，必须用铜棒从左侧敲击轴头，使其与左侧轴承分离，轴即可以从右侧抽出，其轴上的齿轮可从箱体上窗口取出。

⑤拆三轴时，必须用铜棒从右侧敲击轴头，使其与右端轴承分离（或使轴和轴承一起与箱体分离），然后在箱体外将轴与左侧轴承分离，轴与其上的齿轮则可侧着从箱体里抽出。

⑥拆四、五轴时，用铜棒从左侧敲击轴头，使其与左侧轴承分离，然后再将轴与右侧轴承分离。轴和齿轮都可以侧着从箱体里抽出。

⑦取出差速器总成。

2）安装。变速箱安装时按拆卸相反顺序进行，安装时需注意以下几点：

①装一、二轴时，注意不要忘记齿轮左边的挡圈。

②切勿忘记装拨叉轴右盖里两拨叉轴之间的互锁销。

③一轴左侧箱体外的油封唇口朝里，切勿装错。注意拉紧弹簧不要掉落。

（3）半轴总成

1）拆卸

①拧下轴承盖紧固螺栓，取下轴承盖、衬垫和油封。

②从半轴壳中抽出半轴，打开止推垫圈折边，拧下圆螺母，取下挡圈，并压下轴承。

2）安装。半轴总成安装按拆卸相反的顺序进行，先套上轴承、挡圈和止推垫圈，用圆螺母加以紧固，并将止推垫圈折边锁紧，防止半轴自动退出。同时要注意左半轴长、右半轴短和油封的方向，以免装错。

3. 总体安装

（1）将变速箱体架起垫稳，把左、右半轴总成安装在变速箱上。

（2）将车架与变速箱体前端对接好，用螺栓可靠地连接起来，并垫稳车架。

（3）将前轴总成安装在车架前轴支架上。

（4）安装制动器总成，方法如下：

1）将偏心轴和制动凸轮轴装入半轴壳体圆盘的孔内。

2）将制动蹄套在偏心轴上，装上制动蹄支承压板和钢丝挡阻，注意制动蹄要放正。

3）将平键放入半轴键槽内轻轻敲进，两手托起制动鼓将其键槽与平键对正后推入。

4）在轴头装入垫圈后旋紧制动鼓螺母，并达到规定的扭矩要求。

5）装上制动鼓螺母锁片。

（5）安装前轮总成和驱动轮总成，注意车轮紧固螺栓（母）要达到规定的扭矩要求。

（6）安装离合器总成，方法如下：

1）将离合器总成套在离合器轴花键上，用铜棒敲打到位。

2）在轴头装上垫圈后旋紧槽形螺母，并在轴头开口销孔内插入开口销并锁定。

3）装上纸垫和涂满黄油的轴承盖，并用螺钉将轴承盖紧固。

（7）安装转向操纵机构、制动操纵机构和离合器操纵机构。

（8）安装机罩、带轮防护罩、挡泥板和驾驶座总成等附件。

三、手扶拖拉机底盘的拆卸和安装

1. 总体拆卸

（1）拆下机架总成，方法如下：

1）收起撑架，将重心移向驱动轮后把底盘垫稳。

2）拧下机架与最终传动箱和变速箱的连接螺栓，即可将机架总成卸下。

（2）拆下操纵杆和扶手架。

（3）拆下离合器总成（与小四轮拖拉机离合器拆卸方法相同）。

（4）拆下传动箱总成，方法如下：

1）拧下连接传动箱和变速箱的螺栓，拆开变速箱右侧盖板。

2）用铜棒敲击变速箱主变速轴右端，使轴与右端轴承分离，即可将传动箱总成卸下。

（5）拆下驱动轮总成。

（6）拆下最终传动总成，方法如下：

1）取下齿轮轴在变速箱内端的挡圈，取出减速齿轮。

2）拧下连接最终传动箱与变速箱的螺栓，即可将最终传动箱卸下。

2. 主要部件的拆装

（1）离合器

离合器的拆装方法与小四轮拖拉机离合器的拆装相同。

（2）传动箱总成

1）拆卸

①取下套在主轴上的主动齿轮和快挡齿轮。

②拧下调整链条松紧度的支座螺栓，取下支承座组合件及纸垫。

③拧下主轴承座螺栓，取下轴承盖和纸垫。

④取下套在离合器轴上的离合器分离轴承、分离爪。

单元

6

⑤拧下离合器轴左侧轴承盖螺栓，取下轴承盖、纸垫、分离爪座、轴承和垫圈。

⑥拆开离合器轴另一侧轴承盖，取下轴承盖、纸垫、轴承和套筒。

⑦从支承座孔拆开链条接头，取出链条、主动链轮和离合器轴。

⑧拆下主轴组合件。

2）安装

①从传动箱主轴孔进入，绕过箱体内加强筋装上链条。

②装离合器轴右侧轴承盖，注意加油孔方向向上。

③把主轴压配组合件装入传动箱，注意被动链轮和链条应正确地啮合上。

④把离合器轴组合件装入传动箱，注意链轮和链条也应正确地啮合上。

⑤把分离爪座压入轴承座，注意油孔朝下。把轴承座组件套进离合器轴，安装在传动箱体上。

⑥装上主轴承盖，装配后主轴转动应灵活。

⑦在定位套上装入卡簧，并将其安装在传动箱体与变速箱结合面的主轴承孔座上。

⑧装上调整链条松紧度的支承座组合件。

（3）传动总成

1）拆卸

①拆下驱动轴上的平键和定位销。

②拆下油封座和驱动轴。

③拧下最终传动箱螺栓，拆下最终传动箱盖，取出驱动齿轮。

④用内卡簧钳取下齿轮轴轴承端面的挡圈，卸下齿轮轴。

2）安装

①将驱动齿轮放入最终传动箱壳体中，注意驱动齿轮内花键有倒角的一面朝向驱动轮。

②装上最终传动箱盖，并旋上放油螺栓。

③在齿轮轴两端分别压入各自的轴承，并将此压配件压入最终传动箱壳体中，并装好密封圈。

④在最终传动箱壳体轴承孔和驱动轮轴上分别压入其轴承。

⑤将驱动轮轴有花键的一端插入最终传动箱壳体中，使其与驱动齿轮花键相配合，并使其上的轴承对准轴承孔后敲打到位。

⑥装上油封座、驱动轮轴上的定位销和平键。

3. 总体安装

（1）在变速箱装配中完成最终传动总成和传动箱总成的安装。

（2）装上变速箱盖总成。

（3）在左右驱动轮轴上安装车轮轮毂和车轮总成。

（4）安装车架总成和扶手架总成。

（5）安装左右转向拉杆。

（6）安装离合器分离爪组件和离合器总成。

（7）安装离合器拉杆组件和制动器拉杆组件。

单元 **6**

第 7 单元

拖拉机、农用汽车简单零件的一般性修理

第一节　活塞环的检查与安装

活塞环是用于嵌入活塞槽沟的环，分为两种，即压缩环和机油环。压缩环可用来密封燃烧室内的压缩空气，机油环则用来刮除气缸上多余的机油。活塞环（见图7—1）是一种具有较大向外扩张变形的金属弹性环，它被装配到剖面与其相应的环形槽内。往复和旋转运动的活塞环，依靠气体或液体的压力差，在环外圆面和气缸以及环和环槽的一个侧面之间形成密封。

图7—1　活塞环

活塞环广泛地用在各种动力机械上，如蒸汽机、柴油机、汽油机、压缩机、液压机等，还广泛地用于汽车、火车、轮船、游艇等。一般活塞环安装在活塞的环槽里，它和活塞、缸套、缸盖等元件组成腔室做功。

一、活塞环对燃油发动机的意义

活塞环是燃油发动机内部的核心部件，它和气缸、活塞、气缸壁等一起完成燃油气体的密封。常用汽车发动机有柴油和汽油发动机两种，由于其燃油性能不同，其使用的活塞环也不尽相同。早期的活塞环靠铸造而成，但随着技术的进步，钢制的高功率活塞环诞生，且随着对发动机功能、环境要求的不断提高，各种先进的表面处理应用其中，如溶射、电镀、镀铬、气体氮化、物理沉积、表面涂层、锌锰系磷化处理等，使活塞环的性能大大提高。

二、活塞环的检查

1. 端间隙的检查

将活塞环平放到与之配用的气缸套内（相当于活塞在上止点时所处的位置），用塞尺测量端口间的间隙，如图7—2所示。端间隙超过允许值时，应更换活塞；环端间隙过小时，可用细平板锉修整。

2. 边间隙的检查

将活塞环放在与之配用的活塞环槽内，用塞尺测量等分圆周的三个位置上环槽间的间隙，如图7—3所

图7—2　端间隙的检查

示。边间隙超过允许值，应更换活塞环；如边间隙过小，可在铺有细砂纸的平台上修磨。

3. 弹力的检查

检查应在弹簧检验仪上进行，即将活塞环压缩到标准端间隙时，应符合弹力要求。在无弹簧检验仪的情况下，可采用比较法检查，如图 7—4 所示。即将新环放在旧环上边，用手从上面施加压力，在相同的压力作用下，分别测其端间隙，若旧活塞环的端间隙小于新环时，表示旧环的弹力不够，应更换新环。

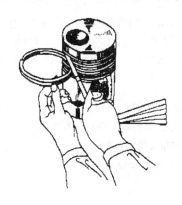

图 7—3　边间隙的检查

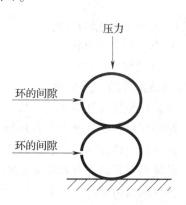

压力

环的间隙

环的间隙

图 7—4　比较法检查活塞环弹力

4. 漏光度的检查

将活塞环平放到气缸套内，在活塞环下面放一光源，上面罩一块略小于气缸套内径的遮光板，从上面观察活塞环与气缸套之间的漏光情况，如图 7—5 所示。一般情况下，要求活塞环与气缸套之间每处漏光的光隙（间隙）不得超过 0.03 mm，漏光弧长不大于 25°，漏光不得多于两处；全周长上漏光弧长总和不大于 45°，且漏光不允许在距活塞环开口处 30°以内。

三、活塞环的安装

1. 安装新环时，应检查端间隙和边间隙是否符合技术要求。

2. 安装旧环时，要按原缸号、原顺序装入活塞环槽内。

3. 注意活塞环的安装方向和位置。第一道环通常用白色镀铬环；扭曲环应使内切边朝上，锥形环打有标记的面朝上；整体式油环外侧带倒角的一面朝上。

4. 安装时应使用活塞环钳的卡环卡住活塞环的开口，轻握手柄，缓慢收拢，使活塞环慢慢张开，装入活塞环槽中。油环由活塞下部装入，其余各环由活塞上部按自下而上的顺序装入。

5. 将活塞环开口相互错开并涂以机油。第一道环和第二道环错开 180°，第二道环和第三道环错开 90°，第三道环和第四道环错开 180°。不得使各相邻活塞环开口在同一直线上，同时，开口不要位于活塞销孔方向，也不要位于活塞销孔的垂直方向，如图 7—6 所示。

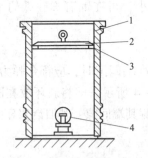

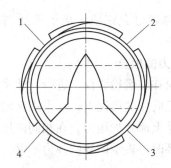

图 7—5　活塞环漏光度检查

1—气缸套　2—遮光板

3—活塞环　4—光源

图 7—6　活塞环安装开口分布示意图

1—油环开口处　2—第一道气环开口处

3—第三道气环开口处　4—第二道气环开口处

6. 安装活塞环的注意事项

（1）活塞环平装入气缸套内，接口处要有一定的开口间隙。

（2）活塞环应装在活塞上，在环槽中，沿高度方向要有一定的边间隙。

（3）镀铬环应装在第一道，开口不要对着活塞顶部的涡流凹坑方向。

（4）各活塞环开口在互相错开 120°，均不准对着活塞销孔。

（5）锥形断面活塞环，安装时锥面应向上。

（6）扭转环安装时，倒角或切槽应向上。

（7）安装组合环时，应先装轴向衬环，再装扁平环和波形环。波形环上边装两片扁平环，下边装一片扁平环，开口应相互错开。

单元 7

第二节　气门的修理

气门（见图 7—7）是发动机的一种重要部件。气门的作用是专门负责向发动机内输入空气并排出燃烧后的废气。

从发动机结构上，气门分为进气门（inlet valve）和排气门（exhaust valve）。进气门的作用是将空气吸入发动机内，与燃料混合燃烧；排气门的作用是将燃烧后的废气排出并散热。

气门的材质在国内通常分为 40Cr、4Cr9Si2、4Cr10Si2Mo、21-4N 和 23-8N 共 5 种。5Cr8Si2、4Cr9Si3、21-2N、21-12N、23-8N、XB 等已在一些引进机型上大批量使用。高温镍基合金在高负荷发动机排气门上也开始应用。按气门的成品结构分类，通常分为整根气门、双金属对焊气门和空心充钠气门等。

一、气门与气门座研磨

当气门或气门座出现轻微磨损、斑痕或烧损时，可用气门与气门座研磨来恢复其密封性。

1. 研磨方法

研磨方法有手工研磨和气门研磨机研磨两种。手工研磨时一般使用气门捻子，如图 7—8 所示。

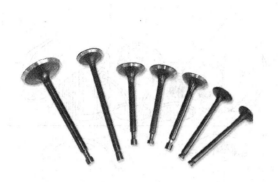

图7—7 气门

图7—8 气门与气门座的研磨
1—气门捻子 2—气缸盖

（1）将气缸盖倒置并稳固，把气门、气门座和气门导管用柴油清洗干净，清除积炭。

（2）在气门工作锥面涂抹一些层粗研磨膏，将气门杆插入气门导管中，用气门捻子上的橡皮碗吸住气门头。

（3）研磨时，一面用手搓动气门捻子上的木柄，使橡皮碗带动气门单向旋转一定角度（10°~30°），一面将气门提起一定高度并下落对气门进行拍击。

（4）在研磨过程中，要不断改变气门与气门座在圆周方向的相对位置。

（5）当气门头斜面上出现一条比较整齐的环带后，将粗研磨膏擦净，换用细研磨膏研磨。

（6）当气门斜面出现一条宽度为 1.2~20 mm 整齐的暗灰色环带时，将细研磨膏擦净，涂机油再研磨一段时间。

（7）最后将气门、气门座和气门导管清洗干净。

2．气门研磨注意事项

（1）气门与气门座应对号（配对）研磨，不得互换。

（2）研磨中，所用的研磨膏不宜过多，以防进入气门导管。

（3）在研磨过程中，要经常检查，研磨时间不宜过长，拍击力不宜过猛，否则将导致环带过宽和出现凹陷。

二、气门与气门座研磨后的严密性检查

检查气门与气门座研磨后的严密性可采用如下几种方法：

1．在气门头斜面的圆周上，用铅笔沿圆锥母线划若干条线。将气门装回气门座上，轻击数次，若每条铅笔印痕都在接触部位中断，即表示密封良好。

2．将气门装入气门座内，在气门头顶部浇上煤油，在 2~3 min 内，油面不降低即为合格。

3．利用气压表检查。如图7—9 所示，先将空气室紧密地贴在气缸盖（或气缸体）上，再捏橡皮球，使空气室具有 68.6 kPa 的压力，在半分钟内不下降即为合格。

单元
7

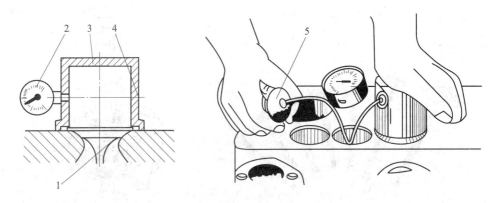

图7—9 用气压表检查气门与气门座的密封性
1—气门 2—气压表 3—空气筒 4—进气孔 5—压气胶囊

第三节 离合器片、制动器摩擦片的修理

一、离合器片的修理

离合器片（见图7—10）是传递引擎动力到变速箱的媒介物。摩擦片有轻微的烧蚀、硬化，可用锉刀或粗砂布磨光后使用。若摩擦片严重损坏则要铆接新片，其工艺步骤如下：

1. 拆除旧片。用比旧铆钉直径小0.4～0.5 mm的钻头，钻去铆钉头，然后再轻轻冲下旧铆钉，取下旧摩擦片，并用钢丝刷刷去从动盘的灰尘和锈迹。

2. 从动盘钢盘翘曲的检查和校正。检查时，可放在专用架上用百分表测量，如图7—11所示。如端面跳动误差大于0.5 mm时，可用宽口扳子或特制夹模进行校正。

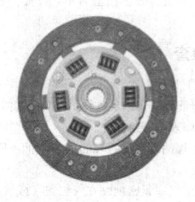

图7—10 离合器片

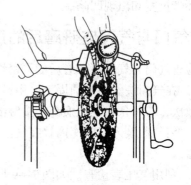

图7—11 检查从动盘

单元 **7**

3. 选配新摩擦片和铆钉。所换新摩擦片的直径、厚度应符合原片规格；两片应同时更换，其厚度差不大于 0.5 mm；铆钉应是铜制或是铝制的，直径应与从动盘孔径相配合，长度以从摩擦片铆孔下平面穿入孔中再伸出 2~3 mm 为宜。

4. 钻孔。用手虎钳将摩擦片夹持在钢盘上，选用与钢盘孔径相适应的钻头在台钻上按钢盘的孔位分别钻两摩擦片的孔，并做好记号，以防止铆接时错位。然后按铆钉头直径用埋头钻头钻出埋头坑，埋头坑的深度一般为摩擦片厚度的 3/5。

5. 铆合。采用手工铆合摩擦片，如图 7—12 所示。将与铆钉头直径相同的平铣夹在台虎钳上，把铆钉穿入摩擦片铆孔中，使摩擦片向下，将铆钉头抵紧在平铣上，再用开花铣将铆钉铣开后铆紧（铆钉紧度要适宜，不要过紧，以免损坏摩擦片）。每排铆钉应分别从两面相间交错穿入铆钉孔铆接，使铆钉头均匀分布在两个面上。

6. 修磨表面。一般在飞轮上涂一层白粉，放上从动盘，略施压力转动检查，锉去较高的部分，直到均匀地接触。

7. 铆接后的质量检查。摩擦片不得有严重的裂纹和破损，铆钉头的深度应距离摩擦片平面 1.0~1.5 mm，外边缘端面跳动不应大于 0.4 mm，平面度误差不应大于 0.5 mm。

如果摩擦片良好，只是铆钉松动，可除去旧铆钉重新铆接；如果钢盘上原有的铆合孔磨旷时，可将孔扩大，用加大直径的铆钉铆接，或在别处重新钻孔铆接。

二、制动器摩擦片的修理

制动器（见图 7—13）是具有使运动部件（或运动机械）减速、停止或保持停止状态等功能的装置，是使机械中的运动件停止或减速的机械零件。制动器俗称刹车、闸。制动器主要由制动架、制动件和操纵装置等组成，有些制动器还装有制动件间隙的自动调整装置。为了减小制动力矩和结构尺寸，制动器通常装在设备的高速轴上，但对安全性要求较高的大型设备（如矿井提升机、电梯等）则应装在靠近设备工作部分的低速轴上。

单元
7

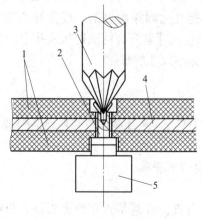

图 7—12　手工铆合摩擦片

1—摩擦片　2—铆钉　3—开花铣　4—压片　5—平铣

图 7—13　制动器

1．制动器摩擦片的铆接

当制动器摩擦片磨损，铆钉头外露或与摩擦片的距离小于 0.5 mm 时，应更换摩擦片，其工艺步骤参见离合器摩擦片的铆接。

2．制动器摩擦片铆接后的质量要求

（1）铆接后的摩擦片与制动鼓的贴合面积要在 50% 以上，且由两端向中间分布。检查方法是：在制动鼓上涂上白粉，将制动摩擦片在制动鼓上来回转动，观察贴合印痕，如贴合不好，可用锉刀进行修整。

（2）重新铆接的摩擦片，要紧密地贴在制动元件上，缝隙不得大于 0.1 mm，铆钉头下沉深度大于 1 mm。

第四节 壳体类零件的螺纹修复与弹簧检查

一、壳体类零件的螺纹修复

1．修理尺寸法

首先将损坏的螺纹孔加大，攻制加大尺寸的新螺纹，然后配以螺纹部分为修理尺寸、螺杆部分仍为标准尺寸的螺栓。例如，4125A 型发动机机体上部的螺纹孔原为 M16×2，损坏后，可在钻床上把螺纹孔钻大到 16.4 mm，然后攻制 M18×2 的螺纹孔，配制螺纹尺寸为 M18×2、螺栓杆部直径仍为 16 mm 的新螺栓。

2．镶螺塞

当修理尺寸的螺孔再度损坏时，可将螺孔钻大攻螺纹，拧入钢螺塞，再在螺塞上钻孔，攻制标准的螺纹。例如，4125A 型发动机机体螺孔损坏修复步骤如下：

（1）将螺孔钻大到 21.7 mm，然后攻制 M24×2 的螺纹。

（2）将配置的钢制螺塞拧入，并切掉螺塞伸出部分，使其与气缸体平面平齐。

（3）为防止螺塞松动，可在螺塞与气缸体螺孔之间涂胶黏剂，或在螺塞与气缸体结合处钻直径为 3 mm、深为 10 mm 的孔，把相应尺寸紧配合的销钉压入孔中。

（4）最后在螺塞上钻 13.8 mm 的孔，攻制标准尺寸的螺纹。

二、弹簧检查

拖拉机、农用汽车常用的弹簧件主要有气门弹簧、离合器弹簧和调速器弹簧等。

1．检查项目

需检查弹簧的自由长度和工作弹力是否符合技术要求。

2．检查方法

（1）首先通过目测对弹簧的使用情况进行检查，看其是否有疲劳裂纹、折断和偏斜。

（2）用游标卡尺或钢直尺等量具测量其自由长度（不可对弹簧有压缩）。

（3）用弹力检验仪检查，将弹簧安置在检验仪上，当压缩到负荷长度时，观察检验仪上的示值是否符合标准弹力的要求。

第五节　喷油器的检查与调试

喷油器（见图7—14）主要由喷油嘴和喷油器体组成，它在缸盖上的安装位置与角度取决于燃烧室的设计。

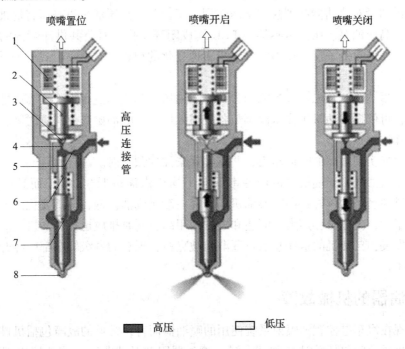

高压连接管

喷嘴置位　喷嘴开启　喷嘴关闭

■ 高压　□ 低压

图7—14　喷油器

1—线圈　2—衔铁　3—球阀　4—释放控制孔　5—充油控制孔
6—针阀杆　7—喷嘴针阀压力环　8—喷孔

单元
7

喷油器的喷雾特性包括雾化粒度、油雾分布、油束方向、射程和扩散锥角等，这些特性应符合柴油机燃烧系统的要求，以使混合气形成和燃烧完善，并获得较高的功率和热效率。喷油器分为开式和闭式两种。开式喷油器结构简单，但雾化不良，很少被采用。闭式喷油器广泛应用在各种柴油机上。柴油机在进气行程中吸入的是纯空气，在压缩行程接近终了时，柴油经喷油泵将油压提高到10 MPa以上，通过喷油器喷入气缸，在很短时间内与压缩后的高温空气混合，形成可燃混合气。由于柴油机压缩比高（一般为16～22），所以压缩终了时气缸内空气压力可达3.5～4.5 MPa，同时温度高达750～1 000 K（而汽油机在此时的混合气压力为0.6～1.2 MPa，温度达600～700 K），大大超过柴油的自燃温度。因此柴油在喷入气缸后，在很短时间内与空气混合后便立即自行发火燃烧。气缸内的气压急速上升到6～9 MPa，温度也上升到2 000～2 500 K。在高压气体推动下，活塞向下运动并带动曲轴旋转而做功，废气同样经排气管排入大气中。

普通柴油机的供油系统是由发动机凸轮轴驱动，借助于高压油泵将柴油输送到各缸燃油室。这种供油方式的供油压力要随发动机转速的变化而变化，做不到各种转速下的最佳供油量。而现在已经越来越普遍采用的电控柴油机的共轨喷射式系统可以较好地解决这个问题。

共轨喷射式供油系统由高压油泵、公共供油管、喷油器、电控单元（ECU）和一些管道压力传感器组成，系统中的每一个喷油器通过各自的高压油管与公共供油管相连，公共供油管对喷油器起到液力蓄压作用。工作时，高压油泵以高压将燃油输送到公共供油管，高压油泵、压力传感器和 ECU 组成闭环工作，对公共供油管内的油压实现精确控制，彻底改变了供油压力随发动机转速变化的现象。共轨喷射式供油系统的主要特点有以下三个方面：

第一，喷油正时与燃油计量完全分开，喷油压力和喷油过程由 ECU 适时控制。

第二，可依据发动机工作状况调整各缸喷油压力、喷油始点、持续时间，从而追求喷油的最佳控制点。

第三，能实现很高的喷油压力，并能实现柴油的预喷射。

相比于汽油机，柴油机燃油消耗率低（平均比汽油机低 30%），而且柴油价格较低，所以燃油经济性较好；同时柴油机的转速一般比汽油机低，扭矩要比汽油机大。但柴油机质量大，工作时噪声大，制造和维护费用高，同时排放也比汽油机差。但随着现代技术的发展，柴油机的这些缺点正逐渐地被克服，现在的高级轿车都已经开始使用柴油发动机了。

单元 7

一、喷油器的机械故障

对于现在汽车电控燃油喷射系统使用的喷油器而言，常见的故障包括机械故障和电路故障。机械故障包括喷油器阀芯卡滞、喷油器阻塞及泄漏，当喷油器出现上述故障后，会引起机械动作失效，从而影响发动机的正常运转，有时甚至会使发动机出现严重故障。

1. 喷油器针阀卡滞

喷油器的工作是由发动机控制单元发出信号，喷油器的电磁线圈通电后产生吸力从而驱动喷油器针阀动作。由于针阀与阀座的间隙被残存的黏胶物阻塞，致使针阀动作发涩不能正常打开，从而影响正常的喷油量。喷油器发生针阀卡滞故障后，发动机会出现启动困难、怠速不稳、加速不良等症状。产生喷油器卡滞的主要原因是使用了劣质汽油，劣质汽油中的石蜡和胶质导致喷油器针阀卡滞。

2. 喷油器阻塞

喷油器阻塞故障可分为喷油器内部阻塞和喷油器头部外部阻塞。喷油器内部阻塞产生的原因多是汽油中混入的杂质和污物阻塞喷油器内部针阀的运动间隙，使喷油器机械动作异常。当喷油器发生堵塞故障后，发动机会相应出现启动困难、怠速不稳、加速不良等症状，情况严重时甚至会造成发动机严重抖动，并引发相关机械原件异常磨损情况的发生。

3. 喷油器泄漏

喷油器泄漏故障一般分为内部泄漏和外部泄漏两种情况。喷油器内部泄漏的原因多是其在使用中早期磨损，造成其在系统压力的作用下，不断向进气歧管内泄漏燃油。喷油器外部泄漏多发生在喷油器和油轨连接处，多是密封面密封不严。若汽油泄漏在进气歧管外部，油滴在气缸体上，遇热后会在发动机舱内蒸发，一旦出现电火花，随时都会引起火灾，后果很严重。当喷油器发生内部泄漏后，会造成喷油器喷射出的燃油雾化不好、混合气燃烧不完全、排气管冒黑烟的现象，引起发动机运转不平稳，并会导致车辆的燃油消耗量明显增加。当喷油器发生外部泄漏故障后，会导致发动机启动困难、怠速熄火、动力性下降、耗油量增加、运转喘振和加速不良等故障的发生。另外，当喷油器与进气管连接处的密封面破损后，还会导致进气系统泄漏，致使额外的空气进入发动机燃烧室，造成混合气偏稀，引发发动机运转异常。

二、喷油器的检查与调试

喷油器的检查与调试一般在喷油器试验器（见图7—15）上进行，主要是检查喷油器密封性能、喷雾质量和调整喷油压力。

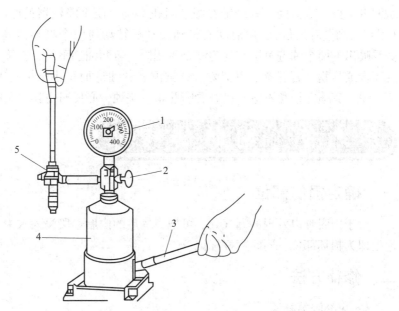

图7—15 喷油器试验器

1—压力表 2—三通开关 3—手柄 4—油泵 5—喷油器

1. 喷油器密封性能的检查

（1）将喷油器的进油管接头与试验器的出油管接头相连，打开三通阀，排除油路中的空气。

（2）一面缓慢均匀地压动手柄泵油，一面拧入喷油器调整螺钉，直至使其在22.5～24.5 MPa 的压力下喷油为止。

（3）观察压力表指针从19.6 MPa 下降到17.8 MPa 所经历的时间，如果在9～20 s

内为合格。

2. 喷油压力的检查与调整

（1）将喷油器装在试验器上（与密封性能检查相同）。

（2）缓慢压动手柄，当喷油器开始喷油时，压力表所指示的压力即为喷油压力。若喷油压力不符合规定，应拧动调整螺钉，使其达到规定的喷油压力。

（3）调整好喷油压力后将调整螺钉锁紧。

3. 喷雾质量的检查

在规定的喷油压力下，以 60 ~ 70 次/min 的速度压动手柄，使喷油器喷油。喷油应符合如下要求：喷出的燃油应成雾状，没有明显可见的油滴和油流以及浓淡不均现象；喷油开始和停止时，不应有滴油现象，喷油干脆并伴有清脆、连续的响声；喷油器喷出的燃油雾锥不应偏斜，其锥角应符合规定。

检查喷油开启压力的方法是：用启动机带动发动机转动，观察两个喷油器是否同时喷油，若同时喷油，则说明被测喷油器的喷油压力符合要求。否则应根据喷油开始的迟早，通过喷油器调压螺钉进行调整。

在两个喷油器喷油的同时，观察其喷雾质量。若两个喷油器的喷雾情况相同，说明被测者良好。可借助一张纸铺在板上对正喷嘴，两个喷油器的喷嘴与平板的距离相等（用直尺测量后定位），用启动机带动发动机转动使两个喷油器同时喷一次油于纸上，查看喷出的两个油迹范围和均匀度是否相同。若两油迹不同，应检查被测者的喷孔内有无积炭或异物，若有应予以清除。若被测者的油迹面积小于标准喷油器喷出的油迹面积，说明其喷雾锥角不够，应查看喷孔是否烧蚀，必要时更换一副喷嘴。

单元 7

第六节 内胎的修补

一、确定损伤部位

对于肉眼难以发现的漏气处，可把充气后的内胎逐段浸入水中，仔细观察，出现气泡处即为损坏部位，同时做好标记。

二、修补方法

1. 火补胶热补法

火补胶热补法的步骤如下：

（1）用日光照晒或火焰烘烤，把损坏部位处理干燥。

（2）用锉刀将损坏处周围锉粗糙，并除去屑末。

（3）揭去表面上的一层漆布，将火补胶贴在损坏处，使破洞小孔刚好在火补胶中心，然后将补胎夹对正火补胶装好，把火补胶与内胎损坏处紧压在一起（注意不要使内胎折皱）。

（4）点燃火补胶上的加热剂，使其燃烧。

（5）待 10 ~ 15 min 或火补胶壳冷却后，松开补胎夹，取下火补胶壳，再冷却

5～10 min 即可。

2. 冷补法

冷补法的步骤如下：

（1）将损坏处周围 20～30 mm 范围内锉粗糙，除去屑末。

（2）将补胎胶布剪成圆形或椭圆形（其大小应能补住损坏处周围 20～25 mm），并把圆周剪成斜形，也用补胎锉锉粗糙。

（3）将橡胶水均匀地涂在两个锉粗糙的面上，待胶液干燥后，将其贴在一起，并用滚子向一个方向滚动压紧（或用锤击），使其贴紧粘平。

三、内胎修补质量的检验

1. 将修补后的内胎充满气，使其浸入水内，检查是否漏气。

2. 胶补处的胶皮应有弹力，无气泡和气孔，并牢固地粘贴在内胎壁上，其硬度不能明显超过被修补内胎的硬度。

3. 修补部位的突缘边不应有粗糙脱落或加厚的现象。

单 元

7

第 **8** 单元

农机具的拆装

第一节　犁的拆装与维修

农机具是指与动力机（拖拉机、内燃机、电动机等）配套的作业机械，种类繁多。一般按照工作性质可分为农田作业机械、农副产品价格机械、装卸运输机械、排灌机械、畜牧机械和其他机械六大类，其中农田作业机械又可分为耕耘和整地机械、种植和施肥机械、田间管理和植保机械、收获机械以及场上作业机械等。

一、犁的拆装

1．装配技术要求

（1）犁架装配技术要求：犁架不应倾斜，在多铧犁上，距差不大于 7 mm。

（2）犁体装配技术要求：其左右顺梁与水平面高度差不得超过 5 mm，各顺梁间距相等。

1）多铧犁的主犁体各铲尖与铲翼应分别在同一直线上，其偏差不得超过 5 mm。

2）主犁体的犁壁与犁铲接缝处应紧密，接缝处小于 1 mm，不允许犁壁高出犁铲。

3）犁壁与犁铲构成的垂直切刃（犁胫线），应位于同一垂直面上，犁铲凸出犁胫线允许不大于 5 mm。

4）犁床前端与耕沟底垂直间隙值不小于 10 ~ 12 mm，其夹角为 2° ~ 3°。

5）犁床前端与沟壁平面的水平间隙不小于 5 ~ 10 mm，其夹角为 2° ~ 3°。

6）犁铲和犁壁与犁柱的接触面间隙，下部不应超过 3 mm，上部不应超过 8 mm。

7）犁体上所有埋头螺钉应与工作面平齐，不得凸出，下陷不得大于 1 mm。

（3）圆犁刀旋转面应垂直地面，刃口应锐利，刃口两边距垂线的偏差不大于3 mm，圆盘轴向游动量不大于 1 mm。

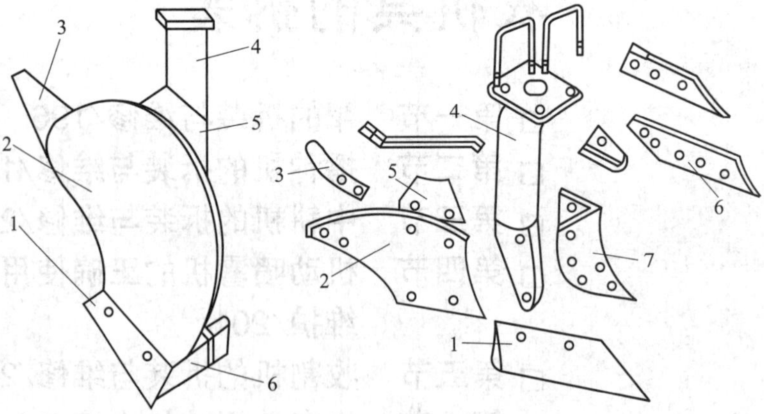

图 8—1　犁体

1—犁铧　2—犁壁　3—延长板　4—犁柱　5—滑草板　6—犁侧板　7—犁托

（4）小铧安装高度应使其耕作层不大于 10 cm，小铧尖与大铧尖相距至少在 25 cm 以上，犁刀应安在小铧前方，圆盘中心应垂直对准小铧的铲尖，并向未耙地偏出 10 ~

30 mm，刃口的最低位置应低于小铧铲尖 20~30 mm。

（5）犁轮的轴向间隙不大于 2 mm，径向间隙不大于 1 mm。轮缘轴向摆动不大于 10 mm，径向跳动不大于 6 mm。犁轮弯轴的弯曲度应符合设计要求，不得变形。

（6）尾轮左侧轮缘较最后主犁体的犁床向外偏 1~2 cm，尾轮下缘比犁床底面低 1~2 cm。尾轮机构拉杆长度应保证多铧犁运输间隙大于 20 cm。

（7）起落机构各部位应灵活，小卡铁与棘轮接触应良好，调节丝杆不得弯曲和变形。

（8）牵引装置必须符合挂接要求。

（9）所有固定螺钉应拧紧，注油嘴与防松装置应完整无缺。

2. 犁的拆装方法和要点

（1）拆卸方法

1）将犁架垫起 60~70 cm，进行拆卸。

2）在拆卸后犁体的同时，将尾轮的托架一起拆下。

3）拆卸地轮轴和沟轮轴，并拆卸各半轴。

4）拆卸地轮及自动升降器（或曲柄及升降机构），并拆卸沟轮。

5）拆卸深浅及水平调节机构。

6）拆卸缓冲弹簧。

7）拆卸尾轮和尾轮升降机构。

8）拆卸小前犁和圆盘刀。

9）最后拆卸牵引部分和座位等。

安装时，按以上相反顺序进行。

（2）拆装要点

1）拆装时必须用专用工具。

2）安装时，需将地轮垫起一个耕深。

3）安装时，应将后犁踵垫起 1~2 cm。

4）在安装水平与深浅调节机构时，除使犁体三支点（即三个轮子）着地外，机架应保持水平，应将水平与深浅调节丝杆放在中间位置。

5）拆装时，必须注意人员和机械的安全。

6）拆卸时应做好记号并分类存放。

7）装配时，各部位检查调整好后，画出记号，进行紧固。

单元 **8**

二、犁的修理

1. 犁的常见故障及原因

（1）犁的入土长度达不到规定耕深，其原因为：

1）上拉杆过长，犁梁前高后低。

2）悬挂点位置选择不当，入土力矩小。

3）水田犁旱耕硬地时，难于入土。

4）犁铧磨钝或铧尖部分上翘变形。

5）圆犁刀距后犁体较远或圆犁刀切土过深。

6）牵引犁的横板偏低或拖拉机牵引点偏高。

（2）犁的耕深不一致，其原因为：

1）犁架未调平。

2）犁架和犁柱变形。

3）田间土壤软硬不一。

（3）相邻两行程衔接不平，其原因为：

1）犁体接盘在犁架主斜梁上的位置发生变动，各铧耕宽不一致。

2）犁架和犁柱变形，使各犁体底面不在同一平面上，耕深不一致。

3）犁壁没有磨光，严重黏土，使土垡翻转不好。

（4）沟墙不齐，沟底不清，其原因为：

1）圆犁刀向未耕地偏置不足。

2）圆犁刀切土深度太浅。

3）耕深过大，由于回垡和犁壁顶部漏土，造成沟底严重不清。

（5）立垡或回垡，其原因为：

1）耕深超过犁的设计耕深。

2）在斜梁上各铧之间距离过小，各犁体的耕幅变小。

3）犁壁未磨光，翻垡不足。

（6）耕宽不稳定。原因：北方系列犁上，耕宽调节器的 U 形卡螺母松动，使左悬挂点向犁架中心活动，左、右悬挂点之间的距离减小。

（7）偏牵引、使机车向一侧偏驶，操作困难。原因是：调整不当，犁的合成阻力线不通过拖拉机的动力中心。

2．主要修理部位及修理方法

（1）犁架和轮轴变形的修理。可用犁校正器进行校正。

（2）犁铧磨损的修理。如果犁铧刃口磨损厚度超过 2 mm 以上，可用砂轮磨削恢复到 0.5～1 mm 以内。如刃口厚度超过 2 mm，宽度磨损超过 25 mm，可用锻伸修复法修复。

（3）犁壁磨损的修理。可用加上一块可更换的附加犁壁恢复原状态，或用焊接加盖板的方法修复。

3．修后调试

犁修后应进行调试，调试项目如下：

（1）犁架、主犁体、犁刀、小前犁、圆犁刀的安装位置，行走轮、尾轮水平及垂直间隙，起落机构。

（2）耕深。从理论上讲，犁的耕深通过改变牵引线可以改变犁的入土角，从而达到改变耕深的目的。但在实际作业时常常由于地表不平或土质不匀，达不到调节耕深的目的，故多采用限深轮来控制耕深。将限深轮的位置提高或降低改变轮子下缘到犁底支承面的垂直距离，即可改变耕深。必要时，可调节上拉杆的长度，改变入土角，亦可使深度改变。如拖拉机设置有液力调节系统，其耕深是由液压系统自动控制的，操纵该液压系统即可控制耕深变化范围。土壤阻力大时，耕深自动变浅，反之则变深。

（3）牵引线。犁耕时，如发现拖拉机有自动摆头的情况，说明机组为偏牵引。调整方法有两种：一种是调节轮距，即调节动力中心的位置，使犁的阻力中心与动力中心尽可能位于平行于前进方向的直线上；二是轮距已定，可通过调节瞬时回转中心的位置来消除或减小偏转力矩。

第二节 播种机的拆装与维修

一、播种机的拆装

1. 装配技术要求

（1）机架不应有变形和断裂，拉筋应拧紧，左右梁偏差不得超过 5 mm。

（2）地轮轮轴的径向和轴向摆差不得超过 5 mm，幅条不得松动和断裂。地轮轴向间隙不得超过 2 mm。

（3）牵引或悬挂连接板不许有扭曲和裂缝。

（4）种子箱不应有裂缝，内壁和箱底要平滑，并牢固地安在机架上，不得有晃动和倾斜。

（5）排种轮完整，边缘不得有损坏。

（6）各排种轮之间距离应一致。

（7）排种轮轴不得有变形。

（8）播量调节器的杠杆（螺母）应能灵活移动，不应发生滑动空移现象。杠杆（螺母）不论置于什么位置，各排种轮（排肥轮）的工作长度均应相等，其偏差不大于 1 mm。

（9）排种盒与种箱接触处间隙不得大于 1 mm。

（10）输种管不应有裂纹。

（11）链轮（齿轮）传动的两个链轮（齿轮），应位于同一平面内，偏差不超过规定值。链轮啮合间隙在 2~3 mm，链条下垂度不大于 20 mm。

（12）开沟器刃口厚度不大于 1 mm，圆盘径向磨损量不大于 25 mm。

（13）开沟器之间间距要相等，其偏差不应超过 5 mm。圆盘开沟器两个圆盘接触间隙不得大于 2~3 mm。

2. 拆装方法和要点

（1）播种机的拆卸方法如下：

1）拆下开沟器总成，卸下输种管。

2）用支架垫起机架，卸下行走轮和种盘。

3）拆下传动机构。

4）拆下起落装置、踏板及座位。

5）拆下牵引装置。

6）总成解体，最后拆下牵引架和划印器。

单元

8

（2）拆装要点如下：

1）拆装行走轮时，应注意销钉和顶丝的拆装，以保证半轴的安全。

2）要根据拖拉机的牵引点高度来安装播种机的牵引板。

3）注意划印器的左、右安装。

（3）刮种器的安装间隙应合理，以保证排种的可靠性。

二、播种机的修理

1. 主要修理部位及修理方法

（1）机架变形或断裂的修理。机架变形采用冷矫正修复，断裂可用加强筋及焊补修复。

（2）行走轮变形断裂或辐条脱落的修理。修理方法：行走轮变形可采用冷矫正修复，行走轮断裂或辐条脱落可用焊加强筋及焊补方法修理。

（3）开沟器圆盘和芯铧式铲刃口磨钝和缺口的修理。修理方法：用车床或砂轮磨锐到标准尺寸，焊补后磨修到规定标准。

（4）输种管曲折和拉长的修理。修理方法：用木锤敲打矫直扭弯的输种管；可将拉长的卷片或输种管压缩到原状后，用铁丝固定住，再进行淬火即可复原。

（5）链条磨损后的修理。修理方法：将磨损后的链节用样板分类：6.5 mm、5.5 mm 和4.5 mm，环部直径小于4.5 mm 就应报废。再将链节放在专用设备上将其压弯，经过试运转后使用。

2. 修后的调试

（1）播种量的播前和田间试验校正调试。

（2）行距的调整试验。如果排种器是单数，必须从中点往两边安装，按所要求的行距安排。

（3）播种深度的调整。

（4）划印器的调试。

（5）播幅的调试。

（6）牵引点和左右水平的调试。

（7）排肥量的调试。

第三节 中耕机的拆装与维修

一、中耕机的拆装

1. 装配技术要求

（1）各部位不得有变形、损坏。立梁弯曲度不得超过5 mm。

（2）铲刃应锋利，工作面应平整光洁。刃口厚度不得大于2 mm。

（3）行走仿形轮轴向晃动不得大于2 mm。

（4）各铲之间距离偏差不得大于5 mm，铲尖着地要一致。

（5）仿形机构应完好无缺。

（6）悬挂架应保证入土角在35°以下。

2. 拆装方法和要点

（1）拆卸方法

1）拧下固定培土器的螺母，卸下各铲。

2）拧下固定仿形行走轮螺柱、螺母，卸下仿形行走轮。

3）对各组培土器进行必要的解体拆卸。

解体行走轮组装时，按与拆卸相反的顺序进行。

（2）拆装要点

1）拆卸时必须做好记号。

2）将仿形行走轮垫一个耕深高度。

3）使铲尖达到入土角。

4）立梁架必须处于水平状态。

5）铲柱、铲尖必须在一条直线上，偏差不得超过3 mm。

二、中耕机的修理

1. 主要修理部位及修理方法

（1）铲刃磨损的修理可采用砂轮磨修，使其达到所规定的刃厚标准，然后修磨到标准刃厚。

（2）梁架开焊或变形的修理可采用焊接或校正修复。

（3）仿形机构变形的修理可采用冷校正修复。

（4）铲柱变形的修理可采取冷校之后，焊加强筋修复。

2. 中耕机修后的调试

（1）中耕机修后组装结束，应调试，使其达到技术要求的完好状态。

（2）应在田间进行耕深调试，使其达到中耕要求。

（3）在田间调试中，应使其达到耕地平整、不伤苗、没有漏耕或重耕地块的要求。

（4）调整中央拉杆，使其入土容易，达到要求。

单元

8

第四节　机动喷雾机的正确使用与维护

机动喷雾机是以汽油或柴油机动力输出轴为动力，驱动药液泵将药液压缩喷洒到农作物上的植保机械。机动喷雾机作业幅度大、生产效率高、使用轻便灵活、喷洒均匀，主要适用于大面积农林作物的病虫害防治工作。机动喷雾机喷洒药液雾点细，并能使叶片正反两面都能打上药，故可采用高浓度小喷量，既省药又节水，因此，在我国推广运用非常广泛。为保证机动喷雾机工作可靠，保持良好的技术状态，必须正确使用与妥善维护。

一、机动喷雾机的正确使用与注意事项

1. 正确使用

（1）在操作机器前，首先要检查机器各零部件是否齐全有效。对于新启用的机具，应将缸体内的机油排除干净，并检查压缩比和火花塞跳火是否正常。

（2）对 V 带的张紧度和各部件连接螺钉的紧固情况进行详细检查，适当调整和紧固。作业开始前，先用清水试喷，观察各处有无溢漏现象。

（3）保证曲轴箱内润滑油充足。如箱内润滑油不足，应加添至油位线处。

（4）发动机启动后，应让其空转 3～5 min，待运转正常后再带负荷作业，以防止因长时间高速运转造成机器损坏。

（5）机动喷雾机燃油使用的是混合燃油（汽油与机油的混合比例为 15∶1），在使用过程中要严格按照规定配制，加油必须停机进行，以避免火灾发生。

（6）根据不同作物喷药需求，选用合适的喷头或喷枪。对于用药量少的作物，用小孔径的双头喷头；对于用药量大的作物，用大孔径的四头喷头；对于较高的果树，可把喷管扎在竹竿上，使用小号胶管和喷头。

（7）根据机具吸药性能和喷药浓度，配制合适的母液。在新机具第一次使用，或旧机具长期未用又重新使用时，都必须先进行试喷，以调整药液浓度。

（8）操作机具时，逐步旋转调压轮，直至压力达到正常喷雾要求。调压时，应由低压向高压调。

（9）停止喷药作业时，应先关闭阀门或药液开关，然后再关闭汽油机。

2. 注意事项

（1）操作人员应佩戴必要的作业防护用具，操作中严禁吸烟和饮食，以防中毒。机手背机时间不要过长，应多人换班操作机械。喷洒作业时，喷口不要对准任何人体，防止发生意外事故。操作人员在工作中如发生头痛、头昏、恶心、呕吐等现象，应立即停止作业，并请医务人员检查治疗。

（2）喷施农药时，机手应顺风施药，随时注意风向变化，及时改变作业的行走方向。

（3）加油后应将油箱箱盖旋紧，如有燃油外漏，应及时擦干净，将机器移离加油点的地方再启动。禁止在汽油机工作状态下添加或倒出燃油，防止火灾发生。

（4）喷雾机在田间发生故障时，应先卸除管道及空气室内的压力，然后再拆卸。如管道或喷头阻塞，可用打气筒清除，严禁用嘴吹吸。

二、机动喷雾机的维护

1. 清洗喷雾作业结束后，清理汽油机表面的油污和灰尘，倒尽药箱内残存药液，再灌上清水喷洒几分钟，最后将清水排除干净。

2. 及时检查。作业后及时检查油管接头是否漏油、漏气，压缩压力是否正常；检查汽油机外部紧固螺钉，如有松动要拧紧，如脱落要及时补齐；同时给各润滑点润滑。

3. 短期存放。保养后，应将汽油机放在干燥阴凉处用塑料布或纸罩盖好，防止被灰尘、污物弄脏；防止磁电机受潮、受热，导致汽油机启动困难。

单元 **8**

4. 长期存放。喷雾机长期不用时，除把药液箱、液泵和管道等用水清洗干净外，还应拆下 V 带、喷雾胶管、喷头和混药器等部件，将其清洗干净后与机体一起放在阴凉干燥处。对于塑料部件，应避免撞碰、挤压和暴晒。所有零部件保养后，应用农膜包装盖好，放置在通风干燥处。需要注意的是，喷雾机不能与化肥、农药等腐蚀性强的物品堆放在一起，以免锈蚀而损坏。

第五节 收割机的拆装与维修

一、收割机的拆装

1. 装配技术要求

（1）传动机构应完好无缺损，转动没有卡滞现象。

（2）收割台下降到最低位置时，仿形拖板应着地，对地面的压力不得超过 294 N。

（3）收割台应升降自如，液压系统操纵手柄在任何中间位置时，收割台应立即停止升降。

（4）输送带的紧度沿轴向要一致，上、下输送带应松紧同步。上输送带拨齿应能拨动星轮。

（5）切割器的刀片刃口厚度不大于 0.1 mm，动刀片与定刀片的间隙应保证前端不超过 0.5 mm，后端不大于 1.5 mm。动刀片与定刀片中心线应重合，其偏差不超过 3 mm，刀杆运动要灵活。护刃器尖端的间距应相等，且在同一水平线上，偏差不大于 3 mm。

（6）拨禾轮的压板应完好，没有缺损，转动平顺。传动 V 带应没有脱层。轴要和刀杆平行。

（7）各紧固件应完整，组装应牢靠。

2. 拆装方法和要点

（1）拆卸方法

拆卸收割机按以下步骤进行：

1）拆卸液压系统和传动机构。

2）卸下油箱支架和传动轴轴承。

3）将割台的两个销轴拆出，卸下割台，拆下平衡弹簧和割台升降油缸。

4）将拖拉机左、右大梁上的 U 形卡拆下，卸下悬挂架。

5）卸下拖拉机动力输出轴的罩盖。

6）卸下拖拉机的水箱罩。

7）卸下拖拉机发动机左、右护板。

安装时按拆卸的相反顺序进行。

（2）拆装要点

1）平衡弹簧的安装，应在放下割台，使仿形拖板对地面的压力为 294 N 时进行。

2）输送带应沿轴向紧度一致，以免跑偏。

单元
8

3）如小四轮拖拉机或手扶拖拉机配套的收割机，安装时应注意传动轴的销钉要紧牢。

4）收割机上、下输送带紧度应能使割下的茎秆站立输送出口，而上输送带拨齿应能拨动星轮齿尖。

5）拨禾轮的安装应视作物高矮而定。

二、收割机的修理

1. 收割机的修理部位及修理方法

（1）收割机刀片磨钝后的修理方法：当刀片磨钝磨尖，必须报废，冲下刀片，重新铆上新刀片，磨修至标准刃厚尺寸。

（2）刀杆弯曲变形的修理方法：可用专用扳手冷矫直或用木锤锤击矫直。

（3）折断刀杆的修理方法：焊接法、锻接法、黄铜钎焊法。

（4）护刃器变形的修理方法：冷矫正修复。

（5）液压系统的修理方法：

1）油缸失灵。经检查后，活塞磨损应更换胶圈或胶碗，活塞杆渗漏应更换油封。

2）油泵失灵。可更换密封胶圈，或更换磨损的齿轮。

3）操纵阀磨损。可更换密封胶圈或更换新品。

4）传动带断破。可缝修或重新铆木条（竹条）。

5）传动轴损坏。可更换损坏的部件（十字架、方轴）。

6）刀头磨损。可调整加垫片，也可采用堆焊后再磨削到规定尺寸的方法修复。

7）星轮损坏。可胶粘修复或更换新品。

8）仿形拖板磨损。可通过焊加强底片的方法修复。

2. 收割机修后的调试

（1）切割器的调试。按规定的技术要求，使动刀片与固定刀片和压刃器间隙符合标准值；使刀杆等运动灵活，切割状态良好。

（2）按作物要求调整收割台高度，使割茬符合要求，通过仿形拖板调整对地压力。

（3）拨禾轮的调整。按作物生长情况，可前后调整拨禾轮支承座的位置。正常高度作物，拨禾轮轴位于割刀前方 2～5 cm；低矮作物应在割刀的正上方；倒伏作物，应在割刀前方 6～9 cm。

（4）传动系统的调试。传动带通过被动辊调整松紧度和直度。上、下输送带的张紧度和水平位置，以上带能拨动星轮为宜。

（5）升降机构的调整。在运行中操纵升降机构手柄，使割台升起 200 mm。

第六节 拖车的拆装与维修

一、拖车的拆装

1. 装配技术要求

（1）无缺损件，紧固件连接处无松动。

单元 **8**

（2）转盘转动应灵活，不得有松动和摩擦现象。

（3）四个轮子转动应灵活，车轮的径向和端面跳动应小于 4 mm。

（4）车箱支架应无变形。其车箱对角线长度差，6 t 挂车为 20 mm，其余各车型为 15 mm。

（5）厢板与底板接合间隙不大于 3 mm，个别地方不超过 5 mm。长度不大于 250 mm 的厢板能转动灵活。

（6）电路系统各接头均要用绝缘布包扎严密，穿过金属物的部位应垫绝缘布或塑料管。

（7）制动性能应达到：

1）山区满载时，在 12% 的坡道上停车应能保持 10 min 以上（不要驾驶员控制）。

2）挂车在通过 50 m 长度距离后紧急制动应有制动拖印，拖拉机的制动印痕应小于挂车的制动印痕。

（8）气路密封性能的试验。气路在 7×10^5 Pa 的压力下，保证 10 min 压力下降不超过 2×10^5 Pa。

（9）小四轮拖拉机挂车（两轮挂车）轴承轴向间隙为 0.25 mm。制动时，要求左右轮拖印应一致，制动距离不大于 5 m，拖拉机拖印应略小于挂车为好。

2. 拆装方法和要点

（1）拖车的拆卸方法

1）先将车箱拆下，用支架将车架支起，使前后轮离地。

2）卸下悬架销，并将前、后轮轴连同板弹簧一起拆下。

3）拆下 U 形螺栓，将板弹簧与轮轴解体。如必要可拆下前、后轮胎等。

4）拆卸牵引架和挂车牵引架浮动拉簧。

5）卸下转盘和滚柱（滚珠）。

（2）拖车拆装要点

1）拆卸车轮时，应使轮子着地，易于拆卸。反之，组装时应垫起。

2）在安装钢板弹簧时，应先将板弹簧总成用销子与吊耳相连，然后再用 U 形螺栓与车轴连接。

3）拆卸时应做标记，分别存放，以便于安装。

4）边拆装边检查，保证拖车磨损件得以处理。

二、拖车的修理

1. 主要修理部位及修理方法

（1）车架和牵引架变形的修理方法：冷矫正或锤击矫正。

（2）车架、牵引架断裂的修理方法：焊接法（焊补加强板防止二次断裂）或用螺钉加固。

（3）车箱铁挡板磨破或裂纹的修理方法：焊补或用铁板加拧螺钉补修。

（4）车胎漏气：采用胶补。

单元

8

（5）制动器零件的修理方法：摩擦片磨损严重，重新铆修。制动鼓磨损严重，镗修后，配加厚摩擦片。

（6）制动气室膜片破裂的修理方法：更换新品。

2. 制动调试

制动器调整完毕后，需进行调试，使拖拉机与拖车制动有序，即应使拖车比拖拉机提前 0.3 ~ 0.8 s 制动。主要是通过将制动阀推杆长度调长或缩短，使拖车的制动比拖拉机制动提前或滞后。

单元

8

第**9**单元

简单维修设备的使用与维护

第一节　台钻

一、台钻的结构

小型台钻（见图9—1），属于台钻技术领域。小型台钻由工作台、立柱、机头箱、电机、传动机构、主轴及钻夹头、轴承、套筒、进给机构及电气控制系统组成。电机为单相串激电机。电机的轴与主轴以联轴器直接连接，联轴器上带有风扇叶片。电机的尾端外缘安装有凸缘，机头箱上安装套筒的孔的上端带有凸台，凸缘和凸台之间安装着压缩弹簧。机头箱上还安装着启停开关、调速开关、急停开关和照明灯。急停开关位于机头箱的上面，照明灯位于机头箱的下面。小型台钻传动结构简单，调速方便；退刀速度快，不需手动，退刀弹簧不易损坏。小型台钻广泛应用于家庭、小作坊等场所的钻孔加工中。

图9—1　台钻

二、工作原理

由电机作动力输出，通过塔式带轮，经过变速传递给主轴，主轴最外面的是不会旋转的只会作直线运动的套筒，上面有齿条结构，和齿轮配合组成纵向进给机构。主轴装在套筒里面，主轴能自由在套筒内旋转，但套筒的上下移动会带动主轴上下移动。最里面的有一个比较长的滑移花键，主轴能在花键上自由上下移动，但要和花键一起旋转，花键的上端上固定了一个空心塔式带轮，钻头的动力就是在这里通过花键传递给主轴。

三、台钻的使用

根据需要加工孔径大小，更换符合要求的钻头，检查电源开关是否完好。把需要加工的材料在钻台上放好（对好距离），夹紧，调整好转速。然后打开电源开关（有的有喷水装置），抓住控制柄（或摇臂），慢慢下移到加工件上，下压钻孔到一定要求后慢慢上提到转头复位即可。

第二节　砂轮机

一、砂轮机的特点

砂轮机除了具有磨削机床的某些共性要求外，还具有转速高、结构简单、适用面广、一般为手工操作等特点。砂轮机在制作刀具中使用频繁，一般无固定人员操作，有的维护保养较差，磨削操作中未遵守安全操作规程而造成的伤害事故也占有相当的比例。

二、工作原理

电机运转后带动砂轮转动（通常是高速）来进行磨削等工作。砂轮机由防护罩、挡屑板、砂轮、托架、法兰盘与软垫组成，如图9—2所示。

三、砂轮的检查

1. 砂轮标记检查。砂轮没有标记或标记不清，无法核对、确认砂轮特性的砂轮，不管是否有缺陷，都不可使用。

2. 砂轮缺陷检查。检查方法是目测检查和音响检查。

四、砂轮的安装

1. 核对砂轮的特性是否符合使用要求，砂轮与主轴尺寸是否相匹配。

图9—2 砂轮机

2. 将砂轮自由地装配到砂轮主轴上，不可用力挤压。砂轮内径与主轴和卡盘的配合间隙应适当，避免过大或过小。配合面应清洁，没有杂物。

3. 砂轮的卡盘应左右对称，压紧面径向宽度应相等。压紧面应平直，与砂轮侧面接触充分，装夹稳固，防止砂轮两侧面因受不平衡力作用而变形甚至碎裂。

4. 卡盘与砂轮端面之间应夹垫一定厚度的柔性材料衬垫（如石棉橡胶板、弹性厚纸板或皮革等），使卡盘夹紧力均匀分布。

五、砂轮的平衡试验

1. 动平衡法

动平衡法借助安装在机床上的传感器，直接显示出旋转时砂轮装置的不平衡量，通过调整平衡块的位置和距离，将不平衡量控制到最小。

2. 静平衡法

静平衡调整在平衡架上进行，用手工办法找出砂轮重心，加装平衡块，调整平衡块位置，直到砂轮平衡，一般可在八个方位使砂轮保持平衡。

调整平衡后的砂轮需在装好防护罩后进行空转试验。空转试验时间如下：直径≥400 mm，空转时间大于5 min；直径<400 mm，空转时间大于2 min。

空转试验期间，操作者应站在砂轮的侧方安全位置，不得站在砂轮前面或切线方向，以防发生意外。

六、砂轮的修整

定期修整可使砂轮保持良好的磨削性能和正确的几何形状，避免砂轮出现钝化、堵塞和外形失真，常使用的修整工具是金刚石笔。操作时，修整工具位置过高、修整方向不当（如逆砂轮旋转方向，倾斜角过大或过小）或修整量过大，都会使砂轮产生强烈振动，或引起金刚石笔啃刀，严重的还会导致砂轮破裂。正确的操作方法是：金刚石笔

单元

9

处于砂轮中心水平线下 1 ~ 2 mm 处，顺砂轮旋转方向，与水平面的倾斜角为 5° ~ 10°。修整时要用力均匀，速度平稳，一次修整量不要过大。操作者应站在砂轮的侧方安全位置，不可站在砂轮正面操作。

修整后的砂轮必须重新经回转试验后，方可使用。

七、砂轮的储运

1. 砂轮在搬运、储存中，不可受强烈振动和冲击，搬运时不准许滚动砂轮，以免造成裂纹、表面损伤。

2. 印有砂轮特性和安全速度的标志不得随意涂抹或损毁，以免造成使用混乱。

3. 砂轮存放时间不应超过砂轮的有效期。树脂和橡胶接合剂的砂轮自出厂之日起，若存储时间超过一年，须经回转试验合格后才可使用。

4. 砂轮存放场地应保持干燥，温度适宜，避免与其他化学品混放。防止砂轮受潮、低温、过热以及受有害化学品侵蚀而使强度降低。

5. 砂轮应根据规格、形状和尺寸的不同，分类放置，防止叠压损坏或由于存储不当导致砂轮变形。

单元
9